燕园春秋——著

古文今观

观人

电子工业出版社
Publishing House of Electronics Industry
北京·BEIJING

目录

喜欢用弹弓射人的晋灵公	007
秦始皇差点叫秦泰皇了	010
刘邦是封建皇帝里边最厉害的一个	014
汉武大帝只知迷信、巡游和封禅吗	019
周公，中国第一个圣人	023
好细腰的楚灵王结局太惨了	027
又见曰利的梁惠王	031
有鸿鹄之志的陈胜确实了不起	035
吕不韦祸乱宫闱，让嬴政情何以堪	039
韩信曾经是可以轻易改变历史的人	044
刘邦就是天生帝王之格局	047
王莽，2000年前的社会主义皇帝	050
曹操豪横也不敢自己称帝	054

炀帝喜欢声色还心胸狭隘	058
太子从来就不好选	062
唐中宗李显作为一个男人都不合格	066
安禄山和杨贵妃显然是被宠溺过头了	069
李怡靠隐忍装傻当上了皇帝	073
皇帝当得很寡淡的司马昱	076
说真话何其难也	080
有狼顾之相的司马懿赚取曹家天下	083
何不纳卫女，何不食肉糜	088
王与马，共天下	092
不喜欢做官却做得比谁都好的谢安	097
中国的海盗祖师	100
最没有人味儿的皇帝	103

目录

谁当皇帝都不容易	107
心腹爪牙常常不是省油的灯	109
神仙不烦妄求也	112
武则天最终还是将天下还给了李唐	115
我家朝堂，关你什么事	118
逆大势而行难哉	120
魏徵与李世民完全是天作之合	123
烂泥总是难以扶上墙的	126
天下之事没有都能两全其美的	129
再厉害的角色也有软肋	132
娶名门之女不成，还被打死在朝堂	136
人走茶凉是官场的常态	139
有权的人未必真有能耐	142

皇帝对周围人很难有真正的信任	145
成也圈子，败也圈子	148
总有人想着不为而位不劳而获	152
经天纬地，抑或经营权力	155
大臣得有大臣的风采	158
官场上总有矫情之人	161
有人遇上了这么多不成熟的小皇帝	164
国人向来相信圣水之类的东西	167
一个男宠竟然还能威震天下	170
李白竟让宦官给他脱靴子	173

古文今观

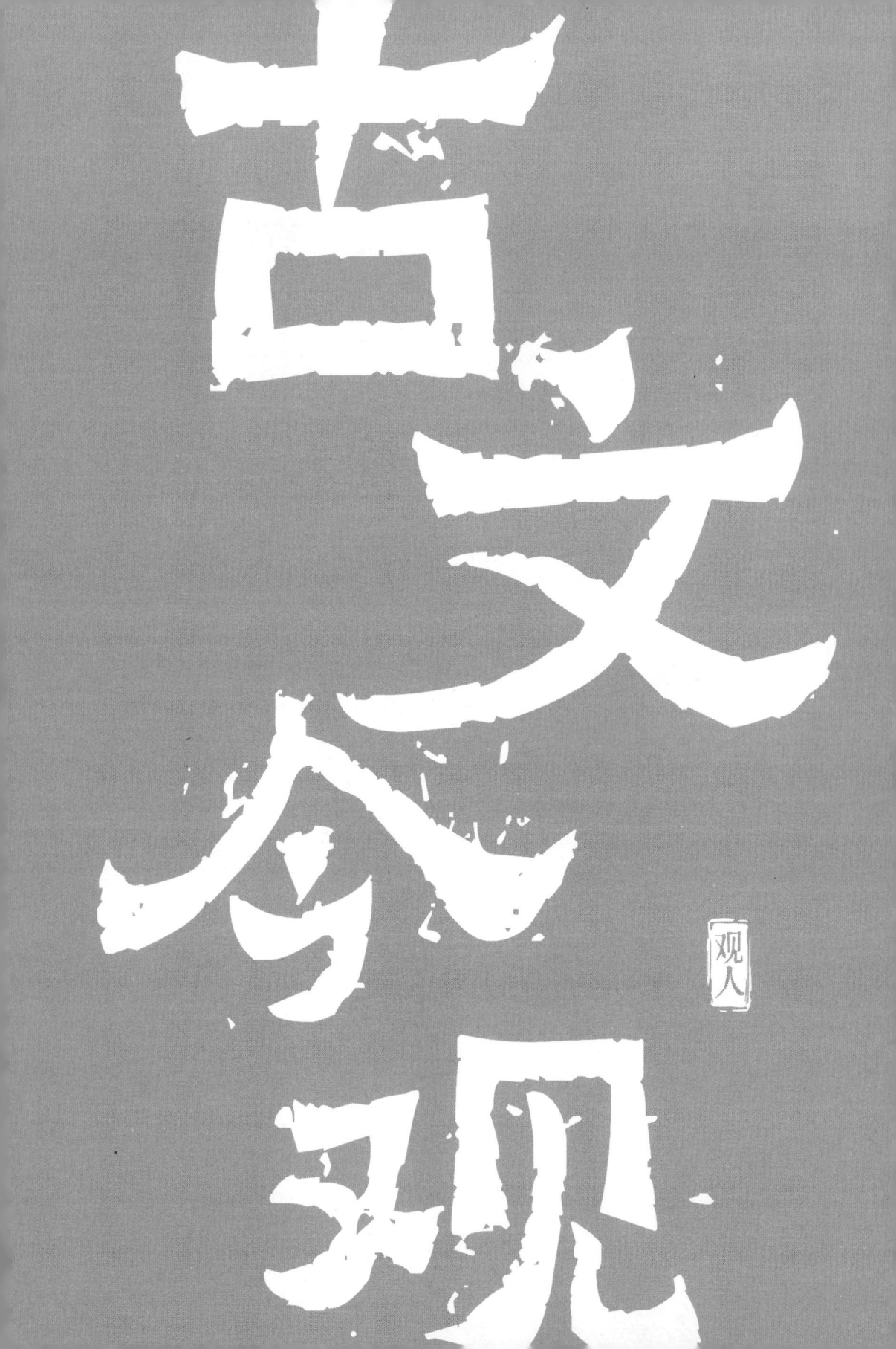

喜欢用弹弓射人的晋灵公

晋灵公，姬姓，名夷皋，年仅七岁他就继位为晋国国君，是一个历史上有名的大昏君。晋灵公的父亲是晋襄公姬欢，爷爷是身为春秋五霸之一的晋文公姬重耳。公元前620年，经历了一番波折后，姬夷皋在他母亲穆嬴的争取下成了晋国的国君。由于他尚年幼，晋国的军政大权由赵盾把持，赵盾尽臣子之责，竭尽全力辅佐他。可赵盾耗尽了心血，依然扶不起晋灵公这个"阿斗"。最后，晋国在晋灵公手中陷入混乱，国之声誉一落千丈，赵盾也差点亡于这位晋灵公之手。

《左传》记载了晋灵公荒谬奇怪之人生。"晋灵公不君。厚敛以雕墙。从台上弹人，而观其辟丸也。宰夫胹熊蹯不熟，杀之，寘诸畚，使妇人载以过朝。"意思是，晋灵公不遵循为君之道：征收重税，用以雕饰宫墙；从高台上用弹弓射人，而观看人们躲避弹丸；厨师煮熊掌煮不烂，就把厨师杀了，装在筐里，派宫女用车载着筐经过朝堂。赵盾看在眼里，心想这样下去晋国会毁在这变态的君王手里了。别人劝了几次，晋灵公仍然不改。赵盾便屡次劝谏，晋灵公竟厌恶他，派鉏麑去暗杀他。鉏麑清晨前往，寝门已经打开。赵盾穿好朝服准备上朝，时间还早，坐在那里闭目养神。鉏麑退了出来，感叹地说："不忘恭敬，真是百姓的好主人。暗杀百姓的好主人，是不忠；背弃君王的命令，是不信。两件事中只要做了一件，都不如去死的好。"于是撞槐树而死。此后，赵盾历经了几次凶险，逃亡到了晋国边境之地，直至其兄弟赵穿乘乱杀死了晋灵公后，他才回来。

从史料来看，晋灵公也许患有精神问题，不仅喜欢拿弹弓打人，还常常让狗咬人。他的好狗之法也是出了名的：狗不咬人他杀狗，人惹狗不宁他杀人。不爱子民，喜欢恶作剧，不听劝谏，草菅人命，这样的君王显然已经不是一般标准所能涵盖的了。当然，晋灵公的精神问题也许与他幼年登位时的环境有关：常在后宫与女人和宦官为伍，少有贤臣相伴。赵盾常年在外征战，多半忽视了这位浮浪少年的教养问题。春秋时期是中华文化的灿烂时期，各色各样的君王先后粉墨登场，有为的，无良的，清正的，荒淫的，不一而足。我们今天回望起那个时代，不免会有这样的疑问：这样的家伙也是我们的祖先吗？

秦始皇差点叫秦泰皇了

秦始皇是中国历史上的第一位皇帝，人称始皇帝。其实这个称号还真是嬴政自己所喜欢的，他要开万世之始，成千古第一人。这也符合有雄才大略之人的心理，希望自己达到前无古人、后无来者的历史地位。

《史记·秦始皇本纪》中记载：秦初并天下，令丞相、御史曰："……寡人以眇眇之身，兴兵诛暴乱，赖宗庙之灵，六王咸伏其辜，天下大定。今名号不更，无以称成功，传后世。其议帝号。"丞相绾、御史大夫劫、廷尉斯等皆曰："昔者五帝地方千里，其外侯服夷服，诸侯或朝或否，天子不能制。今陛下兴义兵，诛残贼，平定天下，海内为郡县，法令由一统，自上古以来未尝有，五帝所不及。臣等谨与博士议曰：'古有天皇，有地皇，有泰皇，泰皇最贵。'臣等昧死上尊号，王为'泰皇'。命为'制'，令为'诏'，天子自称曰'朕'。王曰："去'泰'，著'皇'，采上古'帝'位号，号曰'皇帝'。他如议。"制曰："可。"追尊庄襄王为太上皇。制曰："朕闻太古有号毋谥，中古有号，死而以行为谥。如此，则子议父，臣议君也，甚无谓，朕弗取焉。自今已来，除谥法。朕为始皇帝。后世以计数，二世三世至于万世，传之无穷。"

上文大意是，嬴政认为，秦国已兼并天下，六王皆服其罪，天下完全平定了，不改换名号，就不能颂扬建立的功业，流传后世。于是，他下令丞相、御史议论一下帝王的称号。丞相王绾、御史大夫冯劫、廷尉李斯等都说："现在陛下调遣义军，诛暴讨贼，平定天下，四海之内，设置郡县，统一法令，这是从上古以来所没有过的，五帝也望尘莫及。我们谨慎地和博士讨论，都说：古代有天皇，有地皇，有泰皇，泰皇最高贵。我们冒着死罪献上尊号，王称为'泰皇'。发教令称为'制书'，下命令称为'诏书'，天子自称叫'朕'。"嬴政说："去掉'泰'字，留下'皇'字，采用上古表示地位称号的'帝'字，称为'皇帝'。其他就按你们议论的办。"追尊庄襄王为太上皇。皇帝下令说："我听说远古有称号，没有谥号，而中古有称号，死后根据生前行迹确定谥号。这样做，就是儿子议论父亲，臣子议论君王，很没有意义，我不采取这种做法。从此以后，废除谥法。我是始皇帝。子孙后代用数计算，从二世、三世至于万世，传袭无穷。"

秦始皇想传袭万世，但不会料到后来会发生沙丘之变这样的历史大事件。秦始皇在沙丘宫（今河北省广宗县一带）去世后，宦官赵高胁迫丞相李斯，二人合谋篡改了秦始皇的传位诏书，废太子扶苏，改立胡亥为新帝，为秦二世。这个胡亥既愚蠢又残暴，杀死兄弟姐妹二十余人，成了孤家寡人，最终在赵高的女婿阎乐的逼迫下自杀。赵高只得扶持二世兄长之子子婴当秦王，以图篡权夺位。子婴虽然在位只有四十六天，却毅然做出了诛杀赵高的壮举，后无奈降于刘邦，终被项羽杀死。

太史公说：秦国的祖先伯益，曾在唐尧、虞舜的时候建立功勋，获封土地，被赐予嬴姓。到了夏朝、商朝时，势力衰落了。等到周朝没落了，秦国兴起，在西部边境建起城邑。从穆公以来，渐渐蚕食诸侯，统一事业最后由始皇完成了。始皇自认为功绩超过了五帝，疆域比三王还广阔，耻于和三皇五帝相提并论。

夏朝君主称"后",商朝君主称"王",周朝君主称"天子"或"天王"。秦统一六国之后,秦王嬴政认为自己"德兼三皇,功过五帝",遂采用三皇之"皇"、五帝之"帝"组成"皇帝"的称号。从此,皇帝成为中国人心目中至高无上的人君,是华夏最高统治者的正式称号,以至于到了民国时期,袁世凯还要复辟帝制,过了八十三天的皇帝瘾。

刘邦是封建皇帝里边最厉害的一个

刘邦能从一介布衣成为汉朝的开国皇帝，必有其道理。朱元璋如此评价："惟汉高祖皇帝除嬴平项，宽仁大度，威加海内，年开四百……有君天下之德而安万世之功者也"，"项羽南面称孤，仁义不施，而自矜功伐。高祖知其然，承以柔逊，济以宽仁，卒以胜之"。英国历史学家汤因比认为："人类历史上最有远见、对后世影响最大的两位政治人物，一位是开创罗马帝国的恺撒，另一位便是创建大汉文明的汉高祖刘邦。"毛泽东评价刘邦是"封建皇帝里边最厉害的一个"。

刘邦的雄才伟略自不必多言，其人情味亦十足，读过《史记·高祖本纪》便不难发现。根据司马迁的记载，刘邦这个人，高鼻梁，长着像龙一样的容貌，漂亮的胡须，左腿上有七十二颗黑痣。他仁厚爱人，乐善好施，胸襟开阔。他素有雄心壮志，不从事一般百姓的生产作业。成年后，他试着做官，当了泗水亭亭长，与官吏关系很好，喜饮酒，近女色。

刘邦得天下后，建成了未央宫，大会诸侯和群臣。他在未央宫前殿摆设酒宴，手捧玉制酒杯，起身给他父亲祝寿，说："当初大人常常认为我无以谋生，不会经营产业，不如二兄勤劳。如今我成就的事业与二兄相比，谁的多呢？"殿上群臣高呼万岁，大笑作乐。

有一次，刘邦率军路过家乡沛县，停留下来，在沛宫摆设酒宴，把过去的朋友和父老子弟全部召集来纵情畅饮。他挑选沛中儿童一百二十人，教他们唱歌。酒喝到酣畅，刘邦击着筑，自己作了一首诗，唱起来："大风起兮云飞扬，威加海内兮归故乡，安得猛士兮守四方！"让儿童都跟着学唱。高祖又跳起舞，感慨伤怀，泪下数行，对沛县父兄们说："远游的人思念故乡。我虽然建都关中，千秋万岁后，我的魂魄还是怀思沛县。我从做沛公开始，诛暴讨逆，终于取得了天下。用沛县作为我的汤沐邑，免除沛县百姓的徭役，世世代代不用服徭役。"沛县的男女老少、亲朋好友们，天天开怀畅饮，极为欢

刘邦是封建皇帝里边最厉害的一个

016　古文今观：观人

刘邦是封建皇帝里边最厉害的一个

欣，说旧道故，取笑作乐。过了十多天，刘邦想要离去，沛县父老兄弟执意挽留他。刘邦说："我的随从人员众多，父兄们供养不起。"于是就动身了。沛县百姓倾城而出，到城西贡献牛酒。刘邦又停留下来，搭起帐篷，饮宴三天。

我们可以说，刘邦很有人情味，他豁达大度，知人善任，刚柔并济，与民休息。他的人情味也反映在他所建立的汉朝的政治取向上。司马迁说，夏、商、周三代开国君主的治国法则循环往复，周而复始。周朝和秦朝之间可以说是把过分讲究礼仪的弊病都暴露出来了。秦始皇嬴政不加以改变，反而使刑法更加残酷，难道不是错误的吗？所以汉朝兴起，面对过去的弊病改变了治国法则，使百姓不疲倦，符合天道的规律了。事实上，在平定天下后，刘邦废除了许多秦朝的"严刑峻法"，如连坐法及夷三族。由此，汉朝也成为中国历史上的一个黄金时期，让中华文明得到了长足的发展。

汉武大帝只知迷信、巡游和封禅吗

史书有时未必能展示历史的全貌，种种记载的背后往往另有隐情。《史记·孝武本纪》就属于这种情况。汉武帝刘彻（前156—前87），是景帝刘启的第九个儿子，高帝刘邦的曾孙，也是西汉强盛时期一位有雄才大略，建立了所谓文治武功的皇帝。他在位期间，对内外政策进行了许多新的变革，如尊儒学，兴学校，选用各种人才；兴修水利，发展经济；打击匈奴，扩大版图。为张耀其功绩，汉武帝曾亲登泰山，举行封禅礼。然而，《孝武本纪》的内容不是汉武帝全面的生平传记，只是侧重记述了武帝追求长生不老，崇信方士，好寻神仙的种种荒诞行径。武帝一生接近许多神巫和方士，如长陵女子神君、方士李少君、少翁、栾大、公孙卿，听信他们的谎言，为此还各处巡游，枉费自己心力，也耗费了无数的人力和物力。武帝举行过郊祀礼、明堂礼、封禅礼，都表示自己是上承天意，受命而王，使皇权神圣化，同时也含有求仙的目的。显然，这与我们头脑中汉武大帝的形象相去甚远。

据《史记·太史公自序》说："汉兴五世，隆在建元，外攘夷狄，内修法度，封禅，改正朔，易服色。作《今上本纪》第十二。"由于司马迁与汉武帝是同时代人，今上等于说当今皇帝。可见司马迁生前是写过汉武帝的传记，但司马迁原作《今上本纪》早佚。东汉学者卫宏《汉旧仪注》云："司马迁作景帝本纪，极言其短及武帝过，武帝怒而削去之。后坐举李陵，陵降匈奴，故下蚕室。有怨言，下狱死。"本来，该篇是《史记》中十二本纪的最后一篇，但今天我们看到的《孝武本纪》，已非司马迁的原著，而是后人抄录《封禅书》补缀而成。因此，《史记》没有完整记录下汉武帝一朝的所有事情，只记录到了元狩元年以前的事情，这在"太史公自序"中有明确表述。当时的司马迁很反对武帝对外穷兵黩武的政策，他认为这样不利于国家民族的团结，他看到的是武帝带给人民的灾难，而不是丰功伟绩。我们所看到的是，汉武帝刘彻迷信神

仙，热衷于封禅和郊祀，多次巡游各地。

其实，司马迁才干超群，曾经很受汉武帝的赏识。汉武帝从元鼎四年起巡行郡县、祭祀五帝、东巡封禅，司马迁常作为侍从。从元狩五年司马迁出仕郎中起，到征和四年汉武帝最后一次封禅泰山止，司马迁前后扈从武帝三十六年，从巡二十六次。司马迁与汉武帝关系的转折始于天汉三年的那场"李陵之祸"。天汉三年（前98），司马迁四十八岁。这一年，他埋头撰写《史记》，正好进入关键阶段，却突然飞来了一场横祸。正是这场灾祸使司马迁蒙受宫刑此等人间奇耻大辱，进而导致了他思想的巨大转变。同样，也是这场灾祸使汉武帝与司马迁从君臣相知走向了君臣相怨。

最后，司马迁痛定思痛，写下了那篇流传千古、脍炙人口的《报任安书》。在这封信中，司马迁把他对世情、对人生、对专制君王的认知和愤慨，尽情地倾泻出来，如泣如诉，悲凉至极。或许是由于《报任安书》言辞激烈，彻底得罪了汉武大帝，司马迁竟然从此销声匿迹，莫知其终，终成历史不解之谜。

周公，中国第一个圣人

周公，本名姬旦，为周文王之子、周武王之弟，曾先后辅助周武王灭商、周成王治国。武王死后，成王年幼，由他摄政当国。平定三监之乱后，他大行封建，营建成周（洛邑），制礼作乐，还政成王，在巩固与发展周朝统治上起了关键作用，对中国历史的发展产生了深远影响。

可以说，周公做成的最大的事情就是奠定了中华文明的基调。

在儒家，周公被尊为元圣，即中国第一个圣人。自春秋以来，周公被历代统治者和学者视为圣人。他是孔子最崇敬的古圣之一，《论语》中记载了孔子这样的言论："甚矣吾衰也！久矣吾不复梦见周公。"

孟子首称周公为"古圣人",将周公与孔子并论,足见尊崇之甚。荀子以周公为大儒,在《荀子·儒效》中赞颂了周公的德才。

《史记·鲁周公世家》有记载:周公旦者,周武王弟也。自文王在时,旦为子孝,笃仁,异于群子。及武王即位,旦常辅翼武王,用事居多。武王九年,东伐至盟津,周公辅行。十一年,伐纣,至牧野,周公佐武王,作《牧誓》。破殷,入商宫。

已杀纣,周公把大钺,召公把小钺,以夹武王,衅社,告纣之罪于天,及殷民。释箕子之囚。封纣子武庚禄父,使管叔、蔡叔傅之,以续殷祀。遍封功臣同姓戚者。封周公旦于少昊之虚曲阜,是为鲁公。周公不就封,留佐武王。

上文大意是,周公姬旦是周武王的弟弟。当文王在世时,姬旦为子恭敬孝顺,笃厚仁慈,不同于别的儿子。到武王即位,姬旦经常辅佐武王,多担当重大国政。武王九年,向东征伐到了盟津,周公辅佐随行。十一年,讨伐商纣王,来到牧野,周公辅助武王,写了《牧誓》。攻破殷军,进入商宫。

杀死商纣王后，遍封功臣及同姓亲戚。封周公旦于少昊之虚曲阜一带，称为鲁公。周公没有去封地，而是留下佐助武王。后来，周公的儿子伯禽受到册封去了鲁地，人称鲁公。

汉初大思想家贾谊评价周公曰："文王有大德而功未就，武王有大功而治未成，周公集大德大功大治于一身。孔子之前，黄帝之后，于中国有大关系者，周公一人而已。"

毛泽东评价道：任何一个阶级都要有为它那个阶级服务的知识分子。奴隶主有为奴隶主服务的知识分子，就是奴隶主的

圣人，比如希腊的亚里士多德、苏格拉底。我们中国的奴隶主也有为他们服务的知识分子，周公旦就是奴隶主的圣人。

周公姬旦留下的美德和善行不胜枚举，如周公吐哺，惩前毖后，分陕而治，制礼作乐，等等。

有意思的是，圣人真的是什么都管，包括男女之事。古人说的行周公之礼，指的就是夫妻行房事。相传西周初年男女滥情，但是周公发现这样不行，于是规定：男女在结婚前不能随便发生性关系，结婚当天才可以。后来人们也将夫妻行房事称为"周公之礼"。

作为中国的圣人，周公的确很了不起。

好细腰的楚灵王结局太惨了

今日读《史记·楚世家》，才知楚灵王算是春秋诸王中的异类了。楚灵王，就是那个好细腰的楚王，是楚共王的次子。公元前541年，他杀了侄儿楚郏敖，自立为楚国国君，即王位后改名虔，可见他的王位来路也不正。公元前531年，楚灵王召见蔡灵侯，并将其囚禁、杀害，蔡国灭亡。公元前530年，楚灵王派兵包围徐国，威胁吴国。公元前529年，楚国人推翻了他的统治，楚灵王逃亡，随从相继离去，最后他在郊外自缢而亡。

楚灵王相信霸王之道，对外就这样为所欲为地用强，连年战争耗费了先辈多年的积累，自己又花天酒地，贪图享受，最终失去了民心。楚灵王这种治国方式，完全是自杀式的，随心所欲，直至灭亡。

直至楚灵王听说太子禄被人杀死的消息，自己掉到车下，还说："人们爱惜儿子也像我这样吗？"侍从说："比您更甚。"灵王说："我杀别人的儿子太多了，我能不落到这步田地吗？"右尹说："请回到国都郊外等待来听从国人的决定吧。"灵王说："众人的愤怒无法冒犯。"右尹说："也许可以先进入大的都邑并向诸侯请求出兵。"灵王说："都背叛我了。"右尹又说："暂且投奔诸侯来听从大国的安排。"灵王说："大的福运不会有第二次，只能自取耻辱而已。"于是灵王打算前往鄢地。右尹估计灵王不会采用自己的计谋，惧怕一道去死，也离开灵王逃走。

楚灵王于是独自在山中徘徊，乡野山民没人敢接纳灵王。灵王在路上遇到他原来宫中的涓人，对涓人说："替我寻找些食物吧，我已经三天没有进食了。"涓人说："新即位的王颁下法令，有敢送你食物、随从你的，治罪连及三族，况且在这里我也找不到食物。"灵王就枕着涓人的大腿躺下。涓人趁灵王入睡又用土块代替自己被枕着的大腿，逃跑离去。灵王醒来没有看见涓人，已经饿得不能起身。

芋尹申无宇的儿子申亥说："我的父亲两次冒犯王命，灵王不加诛杀，恩德没有比这更大的了！"于是他寻找灵王，在釐泽遇见灵王在挨饿，接他回到家。夏季五月癸丑日，灵王在申亥的家自缢而亡，申亥将他安葬，并让两个女儿为他殉葬。

太史公曰：楚灵王方会诸侯于申，诛齐庆封，作章华台，求周九鼎之时，志小天下；及饿死于申亥之家，为天下笑。操行之不得，悲夫！势之于人也，可不慎与？弃疾以乱立，嬖淫秦女，甚乎哉，几再亡国！

太史公说：楚灵王刚刚在申地会盟诸侯，诛杀齐国庆封，建造章华台，谋求周王室九鼎的时候，志向远大，藐视天下；等到他在申亥家中饿死，却被天下的人嗤笑。没有操守德行，下场实在可悲啊！人面对权势，能不谨慎吗？弃疾利用变乱登上君位，宠幸秦国女子到了淫乱的程度，太过分了，几乎两度导致国家灭亡！

看来，楚国王位的多次更替实在都有点混乱，以至于国运衰落，为天下人笑话。所谓德不配位，必有灾殃。一个国家的制度安排非常重要，不能随心所欲地胡来。否则，做臣子的必定不安分，做百姓的必然不安宁。

楚共王时期的巫臣，楚平王时期的伍子胥，都逃到了吴国，帮助吴国训练军队发展国力，同时晋国为了牵制楚国也在偷偷的资助吴国，为吴国送去了大量的工匠。从此吴国之崛起势不可挡，而吴国为了发展，不断地侵扰攻打楚国，成了楚国的心腹大患。最终，伍子胥为了报当年弑亲之仇，掘楚平王墓，鞭楚平王尸。

又见曰利的梁惠王

读中华文化的根源性典籍,会不时地与一些历史人物反复打照面,说明这些典籍实际上是一脉相承。今天读《史记·魏世家》,就又与魏惠王碰面了。魏惠王,又称梁惠王,就是《孟子·梁惠王》篇中的梁惠王。

"孟子见梁惠王。王曰:'叟不远千里而来,亦将有以利吾国乎?'孟子对曰:'王何必曰利?亦有仁义而已矣。'"这是《孟子》中的经典篇章了,好读古书的人对此都耳熟能详。

魏惠王在位三十六年,前十八年靠魏文侯打下的基础,与诸侯交战互有胜负;后十八年则连遭败绩。第一次是伐赵,被齐国的田忌、孙膑大败于桂陵；第二次是伐韩，又被田忌、孙膑大败于马陵；第三次被商鞅率秦军打败，尽失河西之地。这三次大败致使魏国国力耗尽。惠王到晚年似乎有所觉悟，想广招贤士以挽回败局，但为时已晚。司马迁用孟子关于"为人君，仁义而已矣，何以利为！"的一席话，尖锐地指出魏惠王的失败是只顾争利，不施仁义的结果。

惠王数被于军旅，卑礼厚币以招贤者。邹衍、淳于髡、孟轲皆至梁。梁惠王曰："寡人不佞，兵三折于外，太子虏，上将死，国以空虚，以羞先君宗庙社稷，寡人甚丑之。叟不远千里，辱幸至弊邑之廷，将何以利吾国？"孟轲曰："君不可以言利若是。夫君欲利则大夫欲利，大夫欲利则庶人欲利，上下争利，国则危矣。为人君，仁义而已矣，何以利为！"

魏惠王在军事上屡遭挫败，以谦卑的礼节、丰厚的财物招聘贤者，结果却招来了孟子的一顿抢白。孟子说："君王不可以如此言利。国君言利，大夫跟着也言利，大夫言利，庶民跟着也言利，上下争着言利，国家就危险啦！作为国君，实行仁义是根本，何必言利呢！"

太史公曰：吾适故大梁之墟，墟中人曰："秦之破梁，引河沟而灌大梁，三月城坏，王请降，遂灭魏。"说者皆曰魏以

不用信陵君故，国削弱至于亡，余以为不然。天方令秦平海内，其业未成，魏虽得阿衡之佐，曷益乎？

司马迁的意思是：我到过大梁的废墟，废墟中的人说："秦军攻陷大梁的时候，引河沟水淹灌大梁，历时三月，城垣倒塌，魏王求降，于是灭魏。"议论的人都说，魏王由于不重用信陵君，国家逐步削弱，最后灭亡，我却不以为然。天意正要秦王平定四海，大功尚未告成之时，魏国即使得到阿衡作辅佐，能管什么用呢？

又见曰利的梁惠王　　033

这段论述，后人多所指摘，也有人把它看作是太史公愤激之极的反语。如果我们把这里所说的"天意"理解为大势所趋，是形势发展的必然，也许更贴近太史公的本意吧。

读古代经典的好处确实很多，历史情节引人入胜和人物形象鲜活生动自不必说，更宏大的收获也会自然而然地充盈到内心深处。读到一定程度，我们就能理解古代历史文化的路径与轨迹，打通历史，晓畅人物，其间的各种思想流派也都了然于胸。这样的境界，当然不会一蹴而就，而要假以时日，持续地阅读，加之勤于考察，多方印证，才有可能达到。

然而，唯有这样的阅读才有滋味，才有张力，才能真正抵御浮躁之世风与颓废之人情。

有鸿鹄之志的陈胜确实了不起

今日小雪,大风降温,又不得不穿上了羽绒服。周一会多,司务会、办公会、党组会,开了个不亦乐乎。忙里偷闲,中午读《史记·陈涉世家》,回想起小时候念书,就知道大泽乡起义的故事,只是理解上有了很大的变化。当年只知其勇武胆雄,今天可知其顺势而为。

陈胜者,阳城人也,字涉。吴广者,阳夏人也,字叔。陈涉少时,尝与人佣耕,辍耕之垄上,怅恨久之,曰:"苟富贵,无相忘。"庸者笑而应曰:"若为庸耕,何富贵也?"陈涉太息曰:"嗟乎,燕雀安知鸿鹄之志哉!"

阳城，即河南登封县东南告成镇。看来，陈胜之勇武，也许源自乡土中的文化基因，因为几百年后此地还出了个少林寺呢。然而，陈涉只不过是个出身破屋陋室的贫民子弟，受雇耕田的穷人，发配流浪的役徒。他没有仲尼、墨翟的贤能，没有陶朱、猗顿的财富，行进在戍卒行列之间，劳作在田野阡陌之中，统率疲惫散漫的戍卒，带领几百部众，转过头来进攻秦朝。

他砍下树木当作兵器，举起竹竿作为旗帜，天下百姓像云朵那样汇集，像回声那样响应，背着干粮如同影子一样追随跟从，殽山以东的各路英雄豪杰纷纷响应起义，推翻了秦朝的统治。

当时秦的天下并没有缩小；雍州的土地，殽山、函谷关的险阻和以前一样。陈涉的地位，并不比齐、楚、燕、赵、韩、魏、宋、卫、中山各国的君主尊贵；锄耙、戟柄，并不比钩戟、长矛锋利；发配戍边的民众，不能同东方九国的军队相比；他们的深谋远虑，行军作战的方略，比不上六国旧时的谋士。然而结果的成败迥然不同，建立的功业截然相反。

试让殽山以东各国诸侯与陈涉比较长短、大小，衡量权势、力量，那简直就是不可同日而语了。然而秦国凭着区区雍州之地，达到万乘强国的权势，控制其他八州而让地位相同的诸侯前来朝拜，历经一百多年。然后又以天下为一家，以殽山、函谷关作为宫墙。陈涉一人发难而秦祖宗七代宫庙毁为瓦砾，他的子孙先后死于他人之手，被天下人耻笑，什么原因呢？是因为不施仁义，所以造成攻取天下与守天下的形势完全不同。

可是，秦始皇是何等的雄才大略。他振兴六代君王的丰功伟业，挥舞长鞭而驾驭中原，灭亡诸侯列国，登上天子宝座而统治上下四方，手持刑杖来鞭打天下臣民，威震四海；他南下夺取百越领地以此建置桂林郡、象郡，百越部族的君主屈膝俯身、颈上套着绳索，把性命交付给秦朝官吏处置；他派遣蒙恬在北方修筑长城、守卫边疆，使匈奴退却七百多里，胡人从此不敢南下牧马，骑士也不敢挽弓搭箭来报仇泄恨。

我们只能说，有鸿鹄之志的陈胜确实了不起！什么始皇帝，什么秦天下，王侯将相宁有种乎。于是乎，在陈胜的发动下，各路豪杰风起云涌，让不可一世且看似固若金汤的秦王朝，很快就土崩瓦解了。可见水能载舟，亦能覆舟。

吕不韦祸乱宫闱，让嬴政情何以堪

读《史记·吕不韦列传》，不由得佩服吕不韦的才智和胆识。他是一个真正的大商人、大政治家、大思想家。这样的大家，历史上绝无仅有，不愧为姜子牙的后代。

司马迁记载，吕不韦是阳翟的大商人，他往来各地，以低价买进，高价卖出，所以积累起千金的家产。子楚是秦王庶出的孙子，在赵国当人质，他乘的车马和日常的财用都不富足，生活困窘，很不得意。吕不韦到邯郸去做生意，见到子楚后非常喜欢，说："子楚就像一件奇货，可以囤积居奇。以待高价售出。"

于是他就前去拜访子楚，对他游说道："我能光大你的门庭。"子楚笑着说："你姑且先光大自己的门庭，然后再来光大我的门庭吧！"吕不韦说："你不懂啊，我的门庭要等待你的门庭光大后才能光大。"子楚心知吕不韦所言之意，就拉他坐在一起深谈。

吕不韦说："秦王已经老了，安国君被立为太子。我私下听说安国君非常宠爱华阳夫人，华阳夫人没有儿子，能够选立太子的只有华阳夫人一个。现在你的兄弟有二十多人，你又排行中间，不受秦王宠幸，长期被留在诸侯国当人质，即使是秦王死去，安国君继位为王，你也不要指望同你长兄以及其他早晚都守在秦王身边的兄弟们争太子之位。"

子楚说："是这样，但该怎么办呢？"吕不韦说："你很贫穷，又客居在此，也拿不出什么来献给亲长，结交宾客。我吕不韦虽然不富有，但愿意拿出千金来为你西去秦国游说，侍奉安国君和华阳夫人，让他们立你为太子。"子楚于是叩头拜谢道："如果实现了您的计划，我愿意分秦国的土地和您共享。"

这个吕不韦和子楚商定的计划竟然逐步都实现了，子楚先被立为太子，后又即位成为庄襄王。但故事没有就此结束，因为吕不韦不经意间埋下了伏笔。

吕不韦选取了一名姿色非常漂亮而又善于跳舞的邯郸女子一起同居，让她怀了孕。子楚有一次和吕不韦一起饮酒，看到此女后非常喜欢，就站起身来向吕不韦祝酒，请求把此女赐给他。吕不韦很生气，但转念一想，他已经为子楚破费了大量家产，为的就是钓取奇货，于是就献出了这个女子。此女隐瞒了自己有孕在身的事实，之后生下儿子嬴政，也就是后来的秦始皇。子楚就立此姬为夫人。

庄襄王去世后，太子嬴政即位，拜吕不韦为相国，尊称"仲父"，权倾天下。后来受到嫪毐集团叛乱牵连，吕不韦罢相归国，全家流放蜀郡，途中饮鸩自尽。这样的结局，算是悲剧，但也不能以此否定吕不韦罕见的才能。

太史公曰："不韦及嫪毐贵，封号文信侯。人之告嫪毐，毐闻之。秦王验左右，未发。上之雍郊，毐恐祸起，乃与党谋，矫太后玺发卒以反蕲年宫。发吏攻毐，毐败亡走，追斩之好畤，遂灭其宗。而吕不韦由此绌矣。孔子之所谓'闻'者，其吕子乎？"

太史公说："吕不韦和嫪毐成了显贵之人，吕不韦封号文

信侯。有人告发嫪毐，嫪毐听到此事。秦始皇调查身边的人，事情还未败露。秦始皇到雍地祭天，嫪毐害怕大祸临头，就和亲信同党密谋，盗用太后的大印调集士兵在蕲年宫造反。秦王调动官兵攻打嫪毐，嫪毐失败逃走，追到好畤将其斩首，并灭了他的宗族。而吕不韦也由此被贬斥。孔子所说的'闻'，指的正是吕不韦这样的人吧！"

我们说吕不韦是"大家"也是有依据的。他带兵攻取周国、赵国、卫国土地，分别设立三川郡、太原郡、东郡，对秦王嬴政兼并六国的事业作出重大贡献。他主持编纂了《吕氏春秋》，包含八览、六论、十二纪，汇合了先秦诸子各派学说，"兼儒墨，合名法"，被归入"杂家"。吕不韦的做法显然远远超越了商人的局限，完全是大开大合的作派。

然而，自古政治都是不可控的。吕不韦的伏笔玩得太大了，牵涉权力顶峰。他与嫪毐先后祸乱宫闱，让嬴政情何以堪？最终被痛下杀手。王世贞如此评价他："自古至今以术取富贵秉权势者，毋如吕不韦之秽且卑，然亦无有如不韦之巧者也。"

韩信曾经是可以轻易改变历史的人

今日读《资治通鉴·汉纪二》，再次强烈感受到"胜者为王，败者为寇"这句话的确是真理。

司马光记载，项羽与刘邦相争最激烈的时候，蒯彻知道天下胜负大势取决于韩信，便用看相人的说法劝韩信道："我相您的面，不过是封个侯，而且又危险不安全；相您的背，却是高贵得无法言表……目前楚、汉二王的命运就牵系在您的手中，您为汉王效力，汉国就会获胜；您为楚王助威，楚国就会取胜。那就不如让楚、汉都不受损害，并存下去，您与他们三分天下，鼎足而立。这种局势一形成，便没有谁敢先行出兵了。再凭着您的圣德贤才和拥兵众多，占据强大的齐国，迫令赵、燕两国顺从，出击刘、项兵力薄弱的地区以牵制住他们的后方，顺应百姓的意愿，向西去制止楚、汉纷争，为百姓请求解除疾苦、保全生命。天下的人就会顺从，并把功德归给齐国。您随即据守齐国原有的领地，控制住胶河、泗水流域，同时恭敬谦逊地对待各诸侯国，天下的各国君王就会相继前来朝拜齐国表示归顺了。我听说'上天的恩赐如果不接受，反而会受到上天的惩罚；时机到来如不行动，反而会遭受贻误良机的灾祸'。因此，望您能对这件事仔细斟酌！"

韩信说："汉王对我非常优待，我怎么能因贪图私利而忘恩负义啊！"

最终，韩信还是谢绝了蒯彻。蒯彻随即离去，假装疯狂，做了巫师。

是啊！想想自己的经历，韩信对此是不可能不犹豫的。韩信事奉项王的时候，官职不过是个郎中，地位不过是个持戟的卫士；所说的话项王不听，所献的计策项王不用，为此才背叛楚国归顺汉国。

而汉王则授予韩信上将军的官印，拨给韩信几万人马，脱下自己的衣服让韩信穿，推过自己的食物让韩信吃，并且对韩信言听计从，所以韩信才能达到显赫的地位。汉王如此亲近信任韩信，他要背叛人家也觉得不吉利。于是，韩信打定主意，即使死了也不会改变跟定汉王的主意。

于是，最终刘邦打败项羽，赢得了天下，开创了汉王朝。

韩信则不得善终。项羽死后，韩信被解除兵权，改封为楚王，后因人诬告，被贬为淮阴侯。最终吕后与萧何合谋，将韩信诱杀于长乐宫钟室，灭了他的三族。

真不知，韩信临终时，有没有想起那个叫蒯彻的人？

刘邦就是天生帝王之格局

今日读《资治通鉴·汉纪四》，其中有若干故事都证明刘邦就是个宽宏大量的人，从善如流，天生帝王格局。这个东西是先天的，内心宽广，才能赢来事业之宽广。小肚鸡肠之人，必然有蝇营狗苟之为。

司马光记载，高帝回到洛阳，知道淮阴侯韩信被杀，又是欣喜又是怜惜。他问吕后："韩信临死有什么话？"吕后说："韩信说后悔没用蒯彻的计谋。"高帝悟道："是齐国的能辩之士蒯彻呀！"便诏令齐国逮捕蒯彻。

蒯彻被押来后，高帝问："你教韩信造反吗？"回答说：

"是的，我确实教过。那家伙不听我的计策，所以才自取灭亡，落到这个地步；如果用我的计策，陛下怎么能够杀了他呢！"高帝勃然大怒，下令："煮死他！"蒯彻大叫："哎呀！煮我实在冤枉！"高帝问"你教韩信造反，还有何冤枉？"

蒯彻说："秦朝失其江山，天下人共同争夺，才能高、动作快的人能先得到。古时跖的狗对尧吠叫，并不是尧不仁，而是狗本来就要对不是它主人的人吠叫。当时，我作为臣子只知道有韩信，不知道有陛下啊！何况，天下磨刀霍霍，想做陛下这般大业的人很多，只是力量达不到罢了，您又能都煮死吗？"高帝听罢说："放了他。"

司马光还记载，陆贾时时在高帝面前称道《诗经》《尚书》，高帝斥骂他说："我在马上打下的天下，哪里用得着《诗经》《尚书》！"陆贾反驳道："在马上得天下，又岂能在马上治天下？况且商朝汤王、周朝武王都是逆上造反取天下，顺势怀柔守天下。文武并用，是长久之术。以前的吴王夫差、智伯、秦始皇，都因穷兵黩武而亡。假使秦国吞并天下之后，推行仁义，效法先圣，陛下今天怎能拥有天下！"

高帝露出惭愧面容，说："请你试为我写出秦国为什么失去天下，我为什么得到天下的原因，以及古代国家成败的道理。"陆贾于是大略阐述了国家存亡的征兆，共写成十二篇。每奏上一篇，高帝都称赞叫好，左右随从也齐呼万岁。该书被称为"新语"。

刘邦出身草莽，诗书少通，混于街巷，但胸襟宽广，结交四方，天生的领袖气概。随着秦朝暴政的衰亡，群雄四起，正如蒯彻所言，能力强、下手快者先得天下，刘邦便是最终的强者。得了天下后，刘邦又能从善如流，前有叔孙通为其制定宫庭礼仪，后又陆贾为其匡定"行仁义、法先圣，礼法结合、无为而治"的统治思想，大汉朝便由此上了正道。

大哉！刘邦之帝王格局。

王莽，2000年前的社会主义皇帝

王莽是个极富争议的历史人物，按照正统历史观，他是一个窃国大盗，是一个篡位巨奸，但随着时代的发展，我们不能只因王莽篡夺权位而忽视了他曾经做出的对社会制度改革的积极尝试。今日读《资治通鉴·汉纪二十九》，发觉王莽作为一个外戚，在机变中获得了皇权，没有一味保权位，而是不断地推动一些根本性的改革，体现了一个饱读诗书又信奉俭朴勤勉的书生应有的理想主义人格，以至于近代的一些学者认为他是一个具有献身精神的伟大无私的社会改革先驱。

第一，王莽推行土地改革，限制豪强占有大量土地，让百姓人人有田耕；为了稳定物价，他还实行计划式的经济调控；

同时他注重人权，明令禁止贩卖奴仆。也因为这些措施，胡适曾称他为"中国第一位社会主义者"。

司马光记载，王莽下诏："古代一个农夫分田一百亩，按十分之一交租税，就能使国家丰裕，百姓富足。秦破坏圣人制度，废除井田，因此并吞土地的现象出现了，贪婪卑鄙的行为发生了，强者占田数千亩，弱者竟没有立锥之地。又设置买卖奴婢的市场，将他们与牛马一同关在栅栏之内，被地方官吏控制，专横地裁决他们的命运，违背了'天地之间，人最尊贵'之义……现在把全国的田改名叫'王田'，奴婢叫'私属'，都不准买卖。"

第二，王莽是所得税的真正创始人。王莽即位后，推行经济改革措施，设立了对工商业者的纯经营利润额征税的税种——"贡"，以限制资本过度积累，使贫富均适。王莽主张"除其本，计其利，十一分之，而以其一为贡"，类似近代所得税的思想。从税收制度的构成要素来说，王莽推行的"贡"已完全具备所得税的特征。

第三，王莽执政期间，对货币进行了频繁的改革。司马光记载，王莽因为钱币一直不流通，便下诏说："钱币都是大面额，则不能应付小额交易；钱币都是小面额，则运输装载就麻烦费事。轻重大小各有等级，那么使用方便，百姓就欢迎。"于是，他下令铸宝币六种：金币、银币、龟币、贝币、钱币、布币。其中钱币六种，金币一种，银币二种，龟币四种，贝币五种，布币十种。货币总计共有五类、六种名称、二十八个等级。

王莽一再改革币制，客观上使得大批农民和工商业者破产，也造成了社会经济秩序的混乱。但王莽的币制改革也具有一定的先进性和科学性，他连续不断地改进货币系列，最后形成完备、齐全的货币等级。直到今天，世界各国都是使用大小钱并存的货币形式。

此外，王莽还实施了"虚值钱币"制度，这种"虚值"依靠国家政权予以保证，以法定形式强行流通，以国家掌握的财政、物资为后盾，通过调节货币发行量来控制物价，与现代货币制度十分接近。虚值货币方便了民间使用货币，促进农商发展，并可提前从民间借集到大量资金。这是经济上一项了不起的改革，直到今天，这种做法还被世界各国作为筹集资金的重要手段在使用，当然，虚值钱币如果控制不好，就会导致严重的通货膨胀。

当然，王莽顶多是个书生式的政治家，其治国理念大多源于中国古代先贤的政治思想。他登位后推行之新政，大抵都是为了仿照周朝的制度推行，如屡次改变币制，更改官制与官名，以王田制为名恢复井田制，把盐、铁、酒、币制、山林川泽收归国有，都是力图回到西周时代的周礼模式。可是，这些源于古制的新法，未必都合时宜，也会遭到既得利益者的拼死反抗。王莽推行新政失败，也属历史必然。

所以，王莽其实是一个片面复古又脱离现实的政治家，理想主义过头了，有点空想主义的味道，正如史家钱穆所言："王莽的政治，完全是一种书生的政治。"

曹操豪横也不敢自己称帝

今日继续读《资治通鉴·汉纪·孝献皇帝》，不禁为汉高祖刘邦开创的四百多年的汉王朝的消亡所感叹。真是应了陈胜当年揭竿而起反秦时的那句话——"王侯将相，宁有种乎"。

公元220年，曹丕逼迫汉献帝禅让，正式取代汉王朝，建立曹魏，定都洛阳。汉朝被曹魏政权所取代，不久又有蜀汉和东吴立国，中国进入了三国鼎立时代。

十一月，癸酉（初一），曹丕尊奉汉献帝刘协为山阳公，仍然使用汉朝的历法行皇帝的礼仪、音乐；封他的四个儿子为列侯。曹丕追尊自己的祖父魏太王曹嵩为太皇帝；父亲魏武王曹操为武皇帝，庙号为太祖；尊奉母亲魏太后卞氏为皇太后。汉献帝刘协变成了山阳公刘协，并奉献自己的两个女儿给魏文帝曹丕作妃子。

魏文帝说了句耐人寻味的话："普天下的珍宝，我要和山阳公共同享用。"刘协倒是安度了晚年，最后以汉天子礼仪葬于禅陵。有人评论刘协这个汉朝的末代皇帝："幼主非有恶于天下，徒以春秋尚少，胁于强臣，若无过而夺之，惧未合于汤、武之事。幼主岐嶷，若除其逼，去其鲠，必成中兴之业。"

大汉朝就这样没了，似乎也没有那么惊天动地。

司马光说，教化是国家的紧要任务，而俗吏却不加重视；风俗，是天下的大事，而庸君却对此疏忽。只有明智的君子，经过深思熟虑，然后才知道它们的益处之大，功效之深远。汉光武帝逢汉朝中期衰落，群雄蜂起，天下大乱。他以一介平民，奋发起兵，继承恢复祖先的事业，征伐四方，终日忙碌，没有空闲，仍能够推崇儒家经典，以宾客之礼延聘儒家学者，大力兴办学校，昌明礼乐，武功既已完成，教育和感化的德政也普遍推行开了。

接着是明帝、章帝，遵循先辈的遗志，亲临辟雍拜见国

家奉养的三老五更，手拿经典向老师请教。上自公卿、大夫，下至郡县官吏，全都选用熟悉儒家经典、品行端正的人，就是虎贲卫士也都学习《孝经》。因此，教化建立于上，风俗形成于下。

不幸的是，经过伤害、衰败之后，又加上了昏乱暴虐的桓帝和灵帝，保护奸佞，胜过骨肉之亲；屠杀忠良，胜过对待仇敌；百官的愤怒积压在一起，天下的不满汇合到一处。于是何进从外地召来了军队，董卓乘机夺权，袁绍等人以此为借口向朝廷发难，使得皇帝流亡，宗庙荒废，王室倾覆，百姓遭殃，汉朝的生命已经结束，无法挽救。

然而各州郡掌握军队、占据地盘的人，虽然你争我夺，互相吞并，却没有不以尊崇汉朝为号召的。以魏武帝曹操的粗暴强横，加上对天下建立的大功，他畜养取代君王的野心已经很久了。但是，直至去世，他都不敢废掉汉朝皇帝，自己取而代之，难道他没有做皇帝的欲望？还是畏惧名义不顺而克制自己罢了。

看来，曹操还是有所顾忌的。他还是个明白人，不想在历史上留下恶名。曹操自己不敢称帝，只有让他儿子来追封他为帝了。

炀帝喜欢声色还心胸狭隘

今天继续读《资治通鉴·隋纪》，感觉隋炀帝喜欢做大事，在皇帝中算是好大喜功的，可他偏偏对自己要求不严，既贪图享乐，又心胸狭隘。这样，做成大事的胜算就不大了。可悲的是，他还令隋文帝苦心孤诣开创的隋朝基业毁于一旦。

司马光记载了隋炀帝的一些日常细节，似乎让我们看到了这位二世祖的真实面目。炀帝上朝时神态庄重，说话、颁旨，言辞堂皇；但是他内心喜欢声色，他在东、西两京和巡游各地时，常常让僧、尼、道士、女道士跟随，称之为四道场。

梁公萧矩是萧琮的侄子；千牛左右宇文皛是宇文庆的孙

子，都被炀帝宠信。炀帝每日在苑中林亭间大摆酒筵，命令燕王杨倓与萧矩、宇文皛以及文帝的妃嫔坐一席；僧、尼、道士、女道士坐一席；炀帝和自己宠爱的姬妃为一席，各席相连。炀帝退朝后即入席宴饮，互相劝酒，酒酣之际就混乱了，无所不干，这是常有的事。杨氏妇女有漂亮的，往往被进献给炀帝。宇文皛出入皇宫门禁不限，至于妃嫔、公主都有不好的名声，炀帝也不怪罪她们。

炀帝创建进士科，典定科举制度，他本人擅长于文辞，却不喜欢别人超过他。薛道衡被赐死，炀帝说："还能写'空梁落燕泥'吗？"王胄被处死，炀帝吟诵王胄的佳句："'庭草无人随意绿'，还能写出这样的句子吗？"炀帝对自己的才学非常自负，他往往看不起天下的文士。他曾对侍臣说："天下人都认为我继承先帝的遗业才君临天下，其实就是让我和士大夫比才学，我也该作天子。"

炀帝曾从容地对秘书郎虞世南说："我生性不喜欢别人进谏，如果是达官显贵想进谏以求名，我更不能容忍他。如果是卑贱士人，我还可以宽容些，但决不让他有出头之日，你记住吧！"

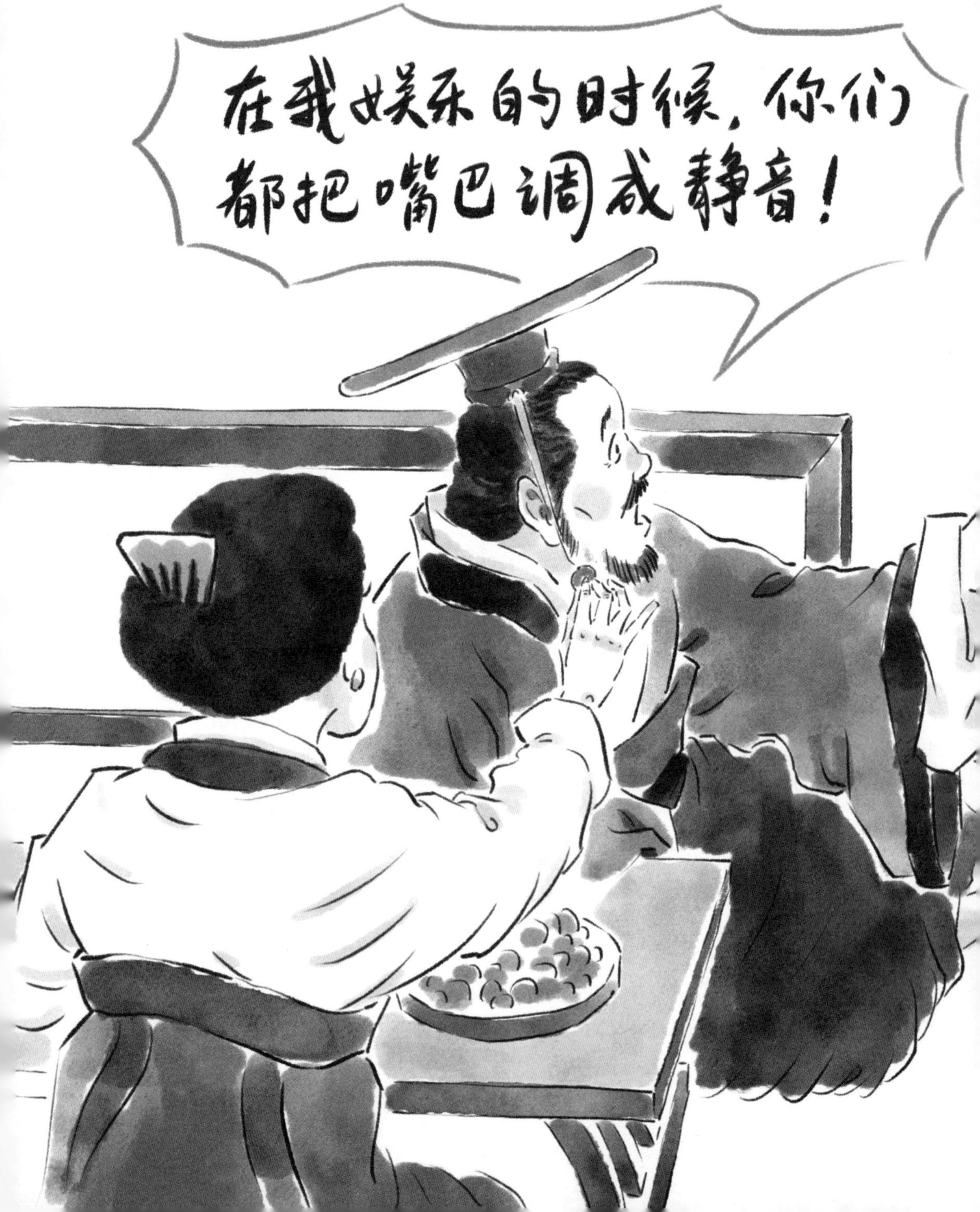
在我娱乐的时候，你们都把嘴巴调成静音！

这些细节读来很有意思，让我们感受到了隋炀帝的生动形象，其作派似乎与我们日常交往中的一些享乐派角色颇有些相似。沉迷于声色犬马之中，还能舞文弄墨不忿于他人，这岂不是很有些人性的本色在里面么？

太子从来就不好选

今日读《资治通鉴·唐纪十三》,感觉李世民当年杀了李建成强行上位成为唐太宗后,也是落下了心病。后来,轮到他自己选太子时,百般为难,费了不少心机。天下皇帝都有一个心思,就是想把家天下一直传承下去。但是,这也是一厢情愿罢了。

司马光记载,李承乾被废掉太子位后,太宗亲御两仪殿,群臣都退朝,只留下长孙无忌、房玄龄、李世勣、褚遂良四人,太宗对他们说:"朕的三个儿子、一个弟弟,如此作为,我的心里实在是苦闷、百无聊赖。"于是将身体向床头撞去,长孙无忌等人争抢上前抱住他;太宗又抽出佩刀想要自杀,褚遂良夺下刀交给晋王李治。

长孙无忌等请求太宗告知有什么要求，太宗说："朕想要立晋王为太子。"无忌说："我等谨奉诏令；如有异议者，我请求将其斩首。"太宗对长孙无忌等人说："你们已经与朕的意见相同，但不知外朝议论如何？"答道："晋王仁义孝敬，天下百姓属心很久了，望陛下召见文武百官试探问一下，如有不同意的，就是臣等有负陛下罪该万死。"

太宗于是亲临太极殿，召见六品以上文武大臣，对他们说："李承乾大逆不道，李泰也居心险恶，都不能立为太子。朕想要从众位皇子中选一人为继承人，谁可以为太子？你们须当面明讲。"众人都高声说道："晋王仁义孝敬，应当做太子。"太宗十分高兴。

于是，太宗下诏立晋王李治为皇太子，太宗亲临承天门楼，大赦天下，宴饮三天。太宗对身边大臣说："朕如果立李泰为太子，那就表明太子的位置可以苦心经营而得到。自今往后，太子失德背道，而藩王企图谋取太子之位的，两人都要弃置不用，这一规定传给子孙后代，永为后代效法。"

司马光评价道："唐太宗不以天下大器私其所爱，以杜祸

乱之原，可谓能远谋矣！"司马光夸赞唐太宗并不将天下重任私与所偏爱的人，以此来杜绝祸乱的根源，可称得上是深谋远虑。

其实，唐太宗此番也是做戏罢了，他真正属意的太子并非李治，而是吴王李恪。他认为，李治过于懦弱，不能守护好社稷江山，而李恪英武果断，很像他自己。只是长孙无忌执意争辩，认为他外甥李治仁义厚道，真正是守成的有文才的君主。

而且，太子的位置至关重要，不能反复更改。

不得不承认，唐太宗的最大优点就是听劝，立太子一事他听从了长孙无忌的意见。平时，李世民也会听从魏征的谏言，这避免了治国理政中很多的不妥之处，也在历史上留下了诸多犯颜直谏的佳话。

唐中宗李显作为一个男人都不合格

今日读《资治通鉴·唐纪二十四》，深感作为唐太宗孙子、唐高宗与武则天儿子的唐中宗李显，是一个极不靠谱的皇帝，其治国治家的能力就是个天大的笑话。

司马光记载，中宗与韦后在房陵被幽禁期间，共同经历了各种艰难困苦的生活。中宗每当听到武则天派使者前来的消息，就惊惶失措地想要自杀，韦后制止他说："祸福并非一成不变，最多不过一死，您何必这么着急呢！"中宗曾经私下对韦后发誓："如果日后我能重见天日，一定会让你随心所欲，不加任何限制。"

果然，等到韦后再为皇后，便干预朝政，如武后在高宗之世。桓彦范上表，提到："《周易》说：'妇女没有什么错失，在家中主持家务，就是吉利。'《尚书》说：'如果母鸡司晨打鸣，这个家庭就要败落了。'"

这个桓彦范的意思是，让皇后只住在中宫里，致力于女子的教化，不要到外朝来干预国家政事，因为这是亡国之举啊。

可是，韦后这个曾经受到丈夫牵连的女人，在与世隔绝地蛰伏了十几年后，终于盼来了报复的一天。最痛恨的武则天已经病死，她似乎不知道该向谁发泄这么多年来遭受的一切困苦，便开始疯狂地追逐权力，并以此来满足自己被压抑已久的欲望。

更为荒唐的是，韦后还是个荒淫无道的女人，绝不输给武则天。她先与亲家武三思勾搭成奸，污秽后宫，还荒唐出入女儿家中，逼迫女儿的丈夫武延秀侍寝，后来竟然发展成为母女共侍一夫，不成体统。

唐中宗对这对母女百般宠溺，百般忍让，真是不加任何限制，终于酿成大错。景龙四年（710），这对心狠手辣的母女根本不感激中宗对她们的宠爱之情，毒杀了毫无防备的皇帝。

千错万错，还是错在唐中宗李显自己。不听人劝，容忍韦后干预朝政，与女儿一起卖官鬻爵，大错；任武三思与韦后、婕妤妃婉儿淫乱宫中，亦是大错。

这样的李显，作为一个男人都不合格，作为皇帝更是不配。

安禄山和杨贵妃显然是被宠溺过头了

今日读《资治通鉴·唐纪》的三十一、三十二篇,对下面几段文字印象深刻。这个唐玄宗号称生性英明果断、多才多艺。在位前期,他注意拨乱反正,任用姚崇、宋璟等贤相,励精图治,开创了唐朝的极盛之世——开元盛世。但到了晚年,他对待安禄山和杨贵妃都有失策,宠得过头了,生了很多是非出来,最终酿成了持续八年的安史之乱,差点断送了唐朝的国运。

"禄山在上前,应对敏给,杂以诙谐。上尝戏指其腹曰:'此胡腹中何所有,其大乃尔!'对曰:'更无余物,正有赤心耳!'上悦。

"又尝命见太子，禄山不拜。左右趣之拜，禄山拱立曰：'臣胡人，不习朝仪，不知太子者何官？'上曰：'此储君也，朕千秋万岁后，代朕君汝者也。'禄山曰：'臣愚，向者惟知有陛下一人，不知乃更有储君。'不得已，然后拜。上以为信然，益爱之。

"禄山得出入禁中，因请为贵妃儿。上与贵妃共坐，禄山先拜贵妃。上问何故，对曰：'胡人先母而后父。'上悦。

"禄山生日，上及贵妃赐衣服、宝器、酒馔甚厚。后三日，召禄山入禁中，贵妃以锦绣为大襁褓，裹禄山，使宫人以彩舆舁之。上闻后宫欢笑，问其故，左右以贵妃三日洗禄儿对。

"上自往观之，喜，赐贵妃洗儿金银钱，复厚赐禄山，尽欢而罢。自是禄山出入宫掖不禁，或与贵妃对食，或通宵不出，颇有丑声闻于外，上亦不疑也。"

这个安禄山虽是胡人，却尤会说话，能讨唐玄宗的欢心。什么大肚子里唯有忠心，心里唯有皇帝没有太子，称杨贵妃为义母，等等，什么都做得出来。

这个杨贵妃也能胡闹，竟然在宫里为义子安禄山"洗三"，这是唐朝的一种为新生儿洗澡的风俗。最后，俩人还情投意合到同食同宿，传出丑闻，唐玄宗竟然丝毫不疑，还赏钱赏物。

我们知道，杨玉环本是唐玄宗儿子寿王李瑁的妃子，竟被唐玄宗册封为贵妃。为讨其欢心，李隆基可谓费尽心机。为了迎合她喜欢服装的心理，有七百多人专门给她做衣服。为了让她吃上喜欢的荔枝，李隆基还下令开辟了从岭南到京城长安的几千里贡道。

这样做皇帝，只能说李隆基是老糊涂了。后来的唐朝宰相郑畋有诗云："玄宗回马杨妃死，云雨难忘日月新。终是圣明天子事，景阳宫井又何人。"

毛泽东对李隆基的评价是："唐明皇不会做皇帝，前半辈会做，后半辈不会做。"是的，好好的一个开元盛世，因为内有杨玉环外有安禄山，大唐竟由盛转衰。

李怡靠隐忍装傻当上了皇帝

今日读《资治通鉴·唐纪》，光王李怡始终装傻的确有一套，韬光养晦多年最终等来机会，成为唐宣宗，号称晚唐头号明君。

起初，唐宪宗收纳李锜的妾郑氏，生光王李怡。论辈分，李怡是唐敬宗、唐文宗、唐武宗的皇叔，论年龄却比敬宗和文宗还小一岁。李怡小时候常常梦见乘龙上天，他将此事告诉母亲郑氏，郑氏对他说："这个梦不应该让旁人知道，希望你不要再说。"

从此，李怡为人持重少言，以至于宫中都认为他"不慧"。李怡韬光养晦，在大庭广众游乐相处时，从不发言。文宗、武宗到十六宅为诸王设宴集会，喜欢引逗李怡发言来戏弄他。唐武宗性格豪迈，对光王李怡更加无礼。

会昌六年三月，唐武宗病危，十来天不能说话，诸宦官于是暗中在宫禁内策划立新皇帝。宦官马元贽等人认为李怡较易控制，就推他为皇太叔。

唐武宗名义遗诏称："皇子们都太年幼，必须选择贤德的皇族成员继承皇位，光王李怡可以立为皇太叔，改其名称李忱，所有军国政事可让他暂时处置。"

皇太叔李忱出宫见百官时，满脸悲哀戚惨的样子；而裁决细小军政事务时，都能合情合理，人们这才知道他隐德。武宗逝世后，李忱即皇帝位。

唐宣宗非常喜欢读《贞观政要》，即位后努力仿效唐太宗，以"至乱未尝不任不肖，至治未尝不任忠贤"为座右铭，勤于政事，孜孜求治，明察果断，用法无私，致力于改善中唐以来的种种社会问题。

因唐宣宗在位时国家相对安定，所以直至唐朝灭亡，百姓仍思咏不已，称他为"小太宗"，史家把这一时期称为"大中之治"。

皇帝当得很寡淡的司马昱

东晋简文帝司马昱善于清谈，史称"清虚寡欲，尤善玄言"，可谓名副其实的清谈皇帝。在他的提倡下，东晋的玄学得到长足发展。《世说新语》留下了不少他的故事，读来颇有意味。

"简文入华林园，顾谓左右曰：'会心处不必在远。翳然林水，便自有濠、濮间想也，觉鸟兽禽鱼自来亲人。'"

简文帝到了华林园，回头对身边的侍从说："令人心领神会的地方不一定在远方，置身于郁郁葱葱幽深的林木与淅淅沥沥的水流之间，人便会自然思慕庄子所追求的濠水、濮水上逍遥自在的境界，觉得飞鸟走兽、鸣禽游鱼都会主动来与人亲近。"

所谓濠、濮间想，是思慕濠梁、濮水上的逍遥自在的生活境界。《庄子·秋水》记载，庄子曾与惠施游于濠水桥梁之上，羡慕游鱼自由自在之乐；亦曾垂钓于濮水，拒绝楚王的招聘，不愿为官。

这个简文帝与一般帝王有所不同，他的人生经历过七朝君主的更替，在面对"皇位诱惑"的时候可以不为所动。简文帝低调处世，但也小有成就。但对他而言，能否成为皇帝似乎并没有那么重要。

简文帝在登基为帝后的诸多表现，也与众不同。他那时一方面担忧自己会被桓温废黜，一方面又在临终之际打算把江山"拱手让人"。他最初在遗诏里写："少子可辅者辅之，如不可，君自取之。"

简文帝甚至认为晋朝的江山本就是意外得来的，这无异于把江山让给桓温。这样的做法自然会引起诸多不满，王坦之就直言晋室是由元帝所建立，不能任由司马昱随意处置。最终简文帝权衡利弊，才改写了遗诏，让桓温像诸葛亮、王导那样辅政。

其实，简文帝只是看得开而已。他目睹了诸多皇帝的帝位生涯，不过尔尔。人生短促，晋朝人又短寿，当了皇帝还一堆操心事，远不如庄子那种逍遥自在的日子来得舒服。在简文帝看来，铁打的江山，流水的皇帝，不当也罢。

唐代周昙写过一首《六朝门·简文帝》，直指司马昱皇帝当得太寡淡了：

救兵方至强抽军，与贼开城是简文。

曲项琵琶催酒处，不图为乐向谁云。

皇帝当得很寡淡的司马昱

说真话何其难也

中国历史太长了,以至于能说的话似乎都说过了,没有什么新鲜花样了。久而久之,人们说客套话、应酬话很拿手,说真话都不太会了。夜读司马光《谏院题名记》一文,对此深有感触。众所周知,司马光主持编写了大型编年体通史《资治通鉴》,擅长写史论和政论类文章,长处在于逻辑性强,关怀强烈,而文学性显得相对不足。而《谏院题名记》这篇不足二百字的小文章,却简洁朴实,短句整齐并富有节奏感,议论叙事融为一体,不事雕琢,观点鲜明气势充沛,力争用简明的语言充分表达政治主张,彰显了北宋中期的一种文风。

"古者谏无官,自公、卿、大夫,至于工、商,无不得谏者。汉兴以来，始置官。夫以天下之政，四海之众，得失利病，萃于一官使言之，其为任亦重矣。居是官者，当志其大，舍其细；先其急，后其缓；专利国家而不为身谋。彼汲汲于名者，犹汲汲于利也，其间相去何远哉！天禧初，真宗诏置谏官六员，责其职事。庆历中，钱君始书其名于版。光恐久而漫灭，嘉祐八年，刻于石。后之人将历指其名而议之曰：'某也忠，某也诈，某也直，某也曲。'呜呼！可不惧哉？"

上文大意为：古时候没有专门的谏官，上自朝廷公、卿、大夫，下至工匠、商贩，没有谁不能进谏。汉朝建立后，才设置了谏官。天下的政事，四海的人口，得失利弊，都集中到一个谏官身上，由他来进谏，谏官的任务也够重了。担任这一官职的人，应专注国家大事而放弃细枝末节；先考虑急切事，再议论不急之务；只为国家谋利而不为一己打算。那些热衷于名声的人，也与热衷于私利的人一样，与真正的谏官原则相距何其遥远！天禧初年，真宗皇帝下诏设置谏官六员，规定了他们的职责范围。庆历年间，钱君才开始将谏官的名字书写在壁版上。我担心时间久了字迹模糊磨灭，于嘉祐八年将它们刻在石头上。后来人将会一一指着这些名字评论说："某某人忠直，某某人狡诈，某某人刚正，某某人邪曲。"啊！难道我们可以不心存戒惧吗？

谏者，向帝王说真话的人。古时候谁都可以进谏，汉朝开始设置专门的谏官，别人就没有进谏的义务了。司马光有意思，将谏官的名字刻在石头上，还展望后人对他们进行评价，谁忠直，谁狡诈，谁刚正，谁邪恶。谏官自然不是圣人，人品也有高下之分，但是，最重要的是说真话！不说真话，谈不上谏，谈不上诚，谈不上忠，谈不上实。人们不说真话，就是在回避客观事实，就是私心作祟，其他的就不用置评了。

有狼顾之相的司马懿赚取曹家天下

司马懿内心猜忌而外表却显得宽厚，思虑多疑而通权术。曹操觉察到司马懿有雄豪之志，听说他有狼顾相，即能像狼一样回头看人，想检验一下。于是，曹操就召来司马懿，让他向前走，又令他回头看，司马懿竟能身体朝前不动而脸面向后方。曹操又曾梦见三匹马同在一个马槽吃料，心中十分厌恶，便对太子曹丕说："司马懿不是甘心做人臣的人，一定会干预我们曹家之事。"

可见，曹操对司马懿始终是有所顾虑的。但是，曹操自己有赚取汉室之志，又想利用司马懿的才干。

汉建安六年，郡中推举上计掾的人选。当时曹操为司空，听说司马懿的名声就征召他。司马懿明白汉朝国运衰微，不愿意失节屈从曹操，就以有风痹病不能正常起居为由而推辞。曹操派人夜间秘密前去刺探情况，司马懿一动不动地躺在床上。曹操任丞相时，又召司马懿为文学掾，并对派去的人命令道："如果他再借辞推托，就把他收监入狱。"司马懿惧怕而就职。

真正有才干的人是隐藏不住的。司马懿出山后，不久便开始显山露水。

司马懿跟随曹操去讨伐张鲁，进言道："刘备以欺诈和武力俘虏了刘璋，蜀人尚未归附就出兵远方去争夺江陵，这个机会不能错过。现在如果我们到汉中去陈兵显威，益州就会惊慌，乘机进军兵临城下，蜀军势必土崩瓦解。由此之势，很容易建功立业。圣人不能违逆天时，也不能丧失时机。"曹操则说："人就苦于没有满足，总想得陇望蜀！"已经得到陇右，还想得到蜀地，最终没有听从司马懿的计策。

不久，司马懿又随从曹操去征讨孙权，大破孙军。孙权派使者来乞求归顺，奉上奏表称臣，并陈述这是天命所归。曹操说："孙权这个小子是想把我放在炉火上烤啊！"司马懿回答

说:"汉的国运已经临近终结,而丞相拥有十分之九的天下,还臣服于汉。孙权称臣,正是天下人共同的意愿。虞、夏、殷、周各朝之所以不谦让推辞的原因,正是由于敬畏上天而知天意啊。"

魏国建立之后,司马懿升任军司马,对曹操说:"古代箕子论及治国之计,提出民以食为天。现在全国不从事农业生产的人有二十多万,这不是治国的长远之计。虽然战事尚未平息,但也应该一边种地一边戍守。"魏武帝采纳了这个意见,从此致力于务农积粮,国家的财物丰富充足。

后来，曹操想把荆州地方的遗民和在颍川屯田戍边的百姓全部迁走。司马懿说："荆楚之人轻率，容易骚动而难以安抚。关羽刚被击溃，各种为非作歹之徒正在藏匿逃窜观望。现在命令那些良善之辈迁徙，不仅伤害了他们的感情，也将使那些逃亡在外的人不敢回归故里。"曹操听从了这个意见。从此，流亡者都回乡从事本业。

公元220年3月，曹操在洛阳去世时，朝野惊惧。司马懿主持丧事，便使朝廷内外肃然有序，并亲奉灵柩回到邺城。

可见，司马懿虽非等闲之辈，也得小心翼翼地伺候着曹操。

《晋书》称司马懿少有奇节，聪明多大略，博学洽闻，伏膺儒教。尚书清河崔琰与其兄司马朗关系好，说："君弟聪亮明允，刚断英特，非子所及也。"

但是，司马懿在与曹操的相伴相随中，切实磨练了自己的计谋能耐与心理能力。曹操毕竟也是不同凡响之人，司马懿能从他身上学到真正运筹帷幄与掌控天下的本领。最后，司马懿顺利赚取了曹家天下，为开创晋朝打下了坚实的基础。

话说回来，司马懿的狼顾之相，成由之，败亦由之。后世的晋明帝司马绍问起前代取得天下的原因，王导就陈述司马懿创业之时诛灭有名望的家族，以及晋文帝末年杀高贵乡公的事情。晋明帝把脸贴在床上说："如果真像你说的那样，晋的天下岂能长远呢！"

何不纳卫女，何不食肉糜

晋武帝司马炎立司马衷为太子是一大错，纳贾充女儿贾南风为太子妃是又一大错。这两大错，使西晋朝政陷入了万劫不复的恶性循环之中，直至灭亡。

司马衷为太子时，朝中大臣都知道他不能胜任天下政事，武帝也对他有怀疑。

征北大将军卫瓘每次想向晋武帝陈说这件事都没敢开口。后来，有一次陪晋武帝在陵云台宴饮，卫瓘假装喝醉了酒，跪在晋武帝的床前说："我有事情要向您启奏。"晋武帝说："你要说什么？"卫瓘欲言又止一共三次，趁势用手抚摸着床说：

"这个座位可惜了。"晋武帝明白了他的意思，也顺着他说道："你真是大醉了。"从这以后，卫瓘对这件事不再提起。

晋武帝曾经将东宫官属召集到一起，把尚书的政务让太子裁决，太子不能回答。贾妃使亲信代替太子回答，多引经据典。给事张泓对贾妃说："太子平时不爱学习，陛下是知道的，今天应该就事论事回答问题，不要引用古书。"贾妃同意这个意见。于是使张泓起草答卷，让太子抄写呈上。武帝看后大喜，司马衷太子地位才得以稳固。

后来天下战乱饥荒，很多百姓饿死，晋惠帝司马衷说："何不食肉糜？"昏聩糊涂如此，留下了千古笑柄。

这个贾南风也真是司马衷的绝配，可谓另类的绝版郎才女貌。

当初，晋武帝将要纳娶卫瓘的女儿做太子之妃，贾充的妻子郭槐贿赂了杨皇后身边的人，让杨皇后劝说武帝请求纳娶贾充的女儿。晋武帝说：卫公女有五可，贾公女有五不可：卫氏种贤而多子，美而长、白；贾氏种妒而少子，丑而短、黑。"但杨皇后坚持为贾氏请求武帝，荀勖、冯纨都称赞贾充的女儿极其美丽，而且德才兼备，晋武帝才听从了他们的意见。

《晋书》中这样评价：不肖之子，登上皇位，皇权旁落，当政者亲近小人。褒姒和叔带同兴，襄后和犬戎同运。忠良的人从此彻底消失，而妖邪的人从此不断出现。太后不祥，太子横死；百姓动荡不安，国家一片荒芜。自古以来败国亡身的事，虽然方式不同，但原因都是一样的，不是破坏了纲纪常规，就是政治昏暗。难道是神明失去了他的明鉴，武帝不了解他的后代吗！

晋武帝司马炎作为西晋开国皇帝，在能力和作为上都还说得过去，但最终是私心害了大局。为了自己一脉的名利，认为皇孙司马遹优秀，意图使司马遹在成年后顺利即位，就立愚蠢的司马衷为太子，为司马遹减少障碍，因为当年自己能当太子，得到了贾充的全力支持，便允许纳贾南风为太子妃。

最后，一切都落空了，都是错上加错。

王与马，共天下

西晋灭亡后，司马懿曾孙、琅琊恭王司马觐之子司马睿，在建康（即今天的南京）建立了东晋，延续了晋朝，占据长江中下游以及淮河、珠江流域地区。这个过程也是一波三折，十分艰辛。毕竟，皇帝不是谁都能当的。

琅琊恭王司马觐去世后，他的儿子司马睿继承爵位。司马睿和东海参军王导关系很好，王导是王敦的堂弟，见识与度量不一般。王导看着朝廷经常发生变故，多次劝说司马睿离开洛阳都城，返回封国。

当司马睿真想要逃回封国时，八王之一的成都王司马颖已经命令各关卡、渡口不得放贵族出去。司马睿到了河阳，被渡口的官吏拦住。司马睿的随从宋典从后面赶来，用鞭子尾巴轻轻地抽了司马睿一下，笑着说："舍长，朝廷禁止贵族出去，你怎么也留在这儿？"官吏才让他们蒙混过去了。

司马睿先依附于东海王司马越，被任命为平东将军，留守下邳，又用王导之谋，移镇建康，经过一番经营，才得以立足江左。

后来，弘农太守宋哲受晋愍帝诏书到达建康，令琅邪王司马睿总摄国家所有事宜。西阳王司马羕和官员、部属等共同进上皇帝尊号，司马睿不肯即位。司马羕等坚持请求，不肯罢休。琅邪王感慨地流着眼泪说："孤是有罪之人。诸位贤良如果逼我不止，我将返归琅邪封国。"司马羕等于是请求琅邪王依照魏、晋旧有成例，称晋王。琅邪王同意了，即晋王位，大赦天下，改年号为建武，开始设置百官，建立宗庙和社稷。

等愍帝死讯传至建康，晋王服斩衰丧服，别居倚庐。百官奏请晋王使用皇帝尊号，晋王几番不肯后即帝位，文武百官陪列于两侧。司马睿令王导登御床同坐，王导坚决拒绝，说："如果太阳与天下万物等同，怎么能俯照苍生！"司马睿

094　古文今观：观人

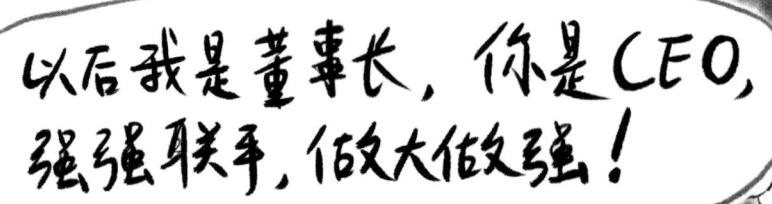

王与马，共天下　095

便不再坚持。

司马睿即位晋元帝后，因为在皇族中声望不够，势单力薄，所以得不到南北士族的支持，皇位不稳。他重用王导，在王导运筹帷幄下，使南方士族支持司马睿，使北方南迁的士族也决意拥护司马睿，稳定了东晋政权，维持了偏安局面。司马睿十分倚重王导，视其为"仲父"，任为宰相，执掌朝政。时人谓"王与马，共天下"。

"王与马，共天下"可不是一句简单的传言，而是当时东晋政治局面的真实写照。琅琊王氏是东晋掌权最久、权力最大的世家大族。司马睿当上皇帝，王导成为丞相，王敦掌握大军，驻守荆州。朝廷一半以上的官员都是王家子弟或者归属王家的人，并且王家先后出了八位皇后。

可以说，琅琊王氏从文到武，从里到外，从中央到地方，从朝廷到内宫完全架空了司马皇帝。可见王家权势之大，所谓"王与马"，"王"还排在"马"之前呢。

不喜欢做官却做得比谁都好的谢安

东晋宰相谢安在淝水之战中,大才槃槃,坐镇后方,指挥子弟们大获全胜,为中原文化的保全和延续,乃至后世隋朝的统一和唐朝的光大赢得了关键机会。

可谢安天生不喜欢做官。少年时,他得到名士王濛及宰相王导的器重,已在上层社会中享有较高的声誉。然而,谢安并不想去猎取高官厚禄。朝廷最初征召谢安入司徒府,被谢安以有病为由推辞了。

后来,拒绝应召的谢安干脆悠游隐居到会稽郡的东山,与王羲之、许询、支道林等名士、名僧频繁交游,出门便捕鱼打猎,回屋就吟诗作文,就是不愿当官。

谢安曾到临安山，坐在石洞里，面对深谷悠然叹道："此般情致与伯夷当年有何区别！"又曾与名士孙绰等人泛舟大海，突遇风起浪涌，众人十分惊恐，谢安却吟啸自若。船夫因为谢安高兴，照旧驾船漫游。众人无不钦佩谢安宽宏镇定的气度。谢安虽然纵情于山水，但每次游赏，总是携带歌女同行。

前秦大军准备攻伐东晋时，在士大夫中间流传着一句话："谢安不出来做官，叫百姓怎么办？"因为谢安长期隐居在东山，所以后来把他重新出来做官这件事称为"东山再起"。

淝水之战中晋军收复寿阳，派飞马往建康报捷。当时谢安正在家里与客人下棋。他看完了谢石送来的捷报，不露声色，依旧下棋。客人知是前方送来的战报，忍不住问战况如何。谢安慢吞吞地说："孩子们把秦人打败了。"谢安送走客人，回到内宅去，他的兴奋心情再也按捺不住，跨过门槛的时候，跟跟跄跄的，把脚上的木屐的齿也碰断了。

世界就是这般模样。有人喜欢当官，却做不出什么业绩，图那份舒服劲。谢安是真性情之人，纵情于山水，不愿当官，但当国家与民族有难时，就能"东山再起"，镇定自若，立巨功于天下，留英名于青史。

中国的海盗祖师

东晋的孙恩被称为中国海盗祖师，其海上作乱的行为被称为"中原海寇之始"，为后世海盗活动提供了最初的"经验"。

其实，孙恩除了会用宗教迷惑人，并没有多少真正的才能。他的军队完全是一派流寇作风：杀死地方官员，劫掠财物，甚至砍伐树木，填埋水井。

孙恩缺乏政治远见，也没有坚定的意志。如果他的政治才能再高一些，可能会有更大的作为。他出身于次等士族之家，本来就恨世家大族占据着高位，让他难有机会进阶，所以对他们的屠戮也格外厉害。王家和谢家首当其冲，王凝之和谢安的两个侄子都被杀死。

后来，孙恩遇到了日后代晋称帝的刘宋武帝刘裕。宋武帝毕竟非等闲之辈，以不足千人的兵力大破孙恩数万大军，从此一战成名。孙恩兵败，一路北逃，刘裕一路紧追不放，孙恩无奈之下又逃到舟山群岛。孙恩的最后一次登陆作战，又被刘裕大军包围。来不及逃跑的孙恩穷途末路，赴海自沉。

流寇就是流寇，没有什么远大志向。在起兵的初期，孙恩听说有八个郡的民众起来响应他，不禁喜形于色，对属下说：

"天下没大事了，过几天咱们就穿着朝廷的官服到建康去。"后来听说刘牢之来了，他又立即放弃了远大目标，转而说："就算我只割据浙东这块地方，总也能做个勾践！"又过了几天，听说刘牢之已经带着军队渡江攻来，他又放低了目标，说："就算逃走，也没什么丢人的！"

孙恩倒是想得开，能折腾到什么程度就折腾到什么程度，有点儿随遇而安的意思。但是，他忘了一点，他做的是海盗，被杀头的概率极高，除非朝廷愿意招安他，他自己也愿意被招安。

最没有人味儿的皇帝

从公元前221年秦始皇登基到公元1912年民国建立，在这两千多年间，中华大地上一共出现了494位皇帝。所谓"皇帝"，即取三皇之"皇"、五帝之"帝"。秦统一六国之后，秦王嬴政认为自己"德兼三皇，功过五帝"，遂采用"皇帝"的称号。

然而，尽管都叫"皇帝"，差别却很大。其中，最没有人味儿，或者说最残暴不仁的皇帝就数后赵的第二个皇帝石虎了。

五胡十六国时代，人伦废弃，纲常瓦解。在胡人心中，从来没有什么"仁义、道德",杀人似乎是治理国家的唯一手段。尤其是羯族建立的后赵政权更是如此。石虎是后赵开国皇帝羯人石勒的侄子,生性残忍,游荡无度,篡权夺取皇位后,还把石勒留下的一家老小尽数屠杀。

逆行斋有评:石虎虽堪为将才,但心性偏狭险暴,昧于大道。夺位之后又穷其侈欲,行残苛之政,视群臣苍生如草

芥，杀之如麻。弄得天怒而人怨，勒业不竟。教子无方，终以残害。身亡而后国灭，幸矣。负恩绝人之胤，死后己嗣未几亦绝，宜哉。

石虎荒淫好色到令人发指，曾经下达过一条命令：全国二十岁以下、十三岁以上的女子，不论是否嫁人，都要做好准备随时成为他后宫佳丽中的一员。"百姓妻有美色，豪势因而胁之，率多自杀"。

石虎残暴无情到六亲不认，连儿子孙子都下得了手。太子石邃素来骁勇，石虎刚开始很宠爱他，经常对大臣们说："司马氏父子兄弟自相残杀，所以朕得以得到皇位。而朕岂有杀石邃的道理呢！"

但有其父必有其子，石邃骄淫残忍，比石虎有过之无不及，有时在外打猎，很晚回城，有时夜出于宫臣家，淫其妻妾。他喜欢将美丽的姬妾装饰打扮起来，然后斩下首级，洗去血污，盛放在盘子里，与宾客们互相传览，再烹煮姬妾身体上的肉共同品尝。比丘尼中有姿色的，石邃与她们交合后杀掉他们，合牛羊肉一起煮熟吃掉，也赏赐给左右宾客让他们品尝。

后来，由于石邃根本没有把石虎放在眼里，还有了杀父的准备，石虎便先下手为强，杀死石邃和妃子张氏，连同男女共二十六人合葬在一口棺材内，并诛杀石邃门党二百多人。

石虎病死，石氏家族为争皇位内讧，相互残杀，直杀得天昏地暗，同归于尽。石虎的养孙汉人冉闵骁勇善战，坐大揽权，反抗石氏家族统治下令屠杀胡人。后赵昙花一现，在血腥里瓦解进散。

回看这段历史，华夏北方当时无疑处在一个至暗时刻。生灵涂炭，苍生无望，人面临着最绝望的局面，无以解脱，唯有死亡。

石虎这样的皇帝，我们也得认吗？

谁当皇帝都不容易

后燕开国皇帝慕容垂，原名慕容霸，小时候很爱出游打猎。有一回，慕容霸在骑马射猎时不小心从马背上栽落倒地，竟磕掉了牙齿。慕容霸尽管庶出，自小却很受父亲慕容皝嘉奖与宠爱，他异母嫡兄慕容儁便对他忌恨不已。慕容儁即位燕王后，为报复奚落慕容霸，抖落他早年磕牙的糗事，便让他改名"䧙"，表面上的理由是让慕容霸效仿先贤郤䧙，其实内心非常厌恶慕容霸。但因"䧙"字触犯了谶纬文书，就省去"䧙"中的"夬"部，用"垂"字作为新的名。

公元358年，慕容垂娶段末波之女段氏，段氏生子慕容令、慕容宝。段氏才高性烈，与皇后可足浑氏不睦，皇后引以为恨。慕容儁向来对慕容垂不满，时有人奉可足浑皇后之令告段氏及吴国典书令辽东高弼为巫蛊，想借此把慕容垂牵连进来。慕容儁将段氏及高弼下狱，进行拷问。但二人"志气确然，终无挠辞"。慕容垂心痛，暗中派人对段氏说："人生会当一死，何堪楚毒如此。不若引服。"段氏叹息道："吾岂爱死者耶！若自诬以恶逆，上辱祖宗，下累于王，固不为也！"后来段氏死于狱中，而慕容垂也因此得免，出任平州刺史，镇辽东。并以段氏之妹为继室，皇后又将其黜之，并将其妹嫁与慕容垂，慕容垂心中不满，这使他与慕容儁的关系更加恶劣。

由此可见，当皇帝没有一个容易的。

心腹爪牙常常不是省油的灯

历史上有的人是无奈当了皇帝的，本无此心，迫不得已，当了皇帝后也是终日提心吊胆，甚至不得善终。

北燕开国国君慕容云就是被人架上人主之位的。他初名高云，高句丽族，为后燕惠愍帝慕容宝养子，故被赐姓慕容。据史书记载，慕容云忠厚稳重，沉默寡言，当时人都以为他愚笨，只有冯跋很惊异于他的志向与气度而和他结交为友。后来，冯跋想杀后燕昭文帝慕容熙，让慕容云取而代之。

慕容云从来就没这个念头。《晋书》记载，慕容云害怕地说："吾婴疾历年，卿等所知，愿更图之。"跋逼曰："慕容氏世衰，河间虐暴，惑妖淫之女而逆乱天常，百姓不堪其害，思乱者十室九焉，此天亡之时也。公自高氏名家，何能为他养子！机运难邀，千岁一时，公焉得辞也！"

在冯跋等人威逼利诱下，慕容云遂即天王位，恢复高姓，定国号为大燕。但慕容云认为自己没有功德，却登上人君之位，所以心中总怀有恐惧。为此，他供养了一些精壮的武士作为自己的心腹、爪牙，以求保身。

可是，这个世界常常事与愿违。这些心腹爪牙其实不是省油的灯。慕容云的宠臣离班、桃仁专门掌管宫廷的警卫工作，这二人得到的赏赐也都不计其数，甚至他们的衣食住行也都可以跟慕容云享受一样待遇了。而离班、桃仁这两个家伙是贪得无厌之徒，不仅不知足，还总是满腹怨言。

这样的情况下，皇帝反而成了弱势者，要哄着这帮家伙，生怕他们祸起萧墙，可悲剧还是发生了。公元409年十月的一天，慕容云来到东堂，离班与桃仁怀里藏着利剑进来，声称有事禀报，俩人竟合力把慕容云刺死了。后来，冯跋的帐下督张泰、李桑实在看不下去了，就分别将离班和桃仁杀死。

我们可以说，慕容云确实能力不行，不会当皇帝，不能杀伐决断。然而,在十六国那种兵家纷争、以武定局的情形下,几乎谁都怀有吞天之心,谁都难以真正令人放心。

应该说,越是身边的人,越知道你的软肋。在一定条件下,他们会放手一搏,置你于万劫不复之中,以谋取最大的利益。这是人性之恶所决定的。

神仙不烦妄求也

唐太宗李世民真正的过人之处在于他的头脑。《旧唐书》有言:"太宗幼聪睿,玄鉴深远,临机果断,不拘小节,时人莫能测也。"

唐太宗曾经告诫太子李治说:"你应当以古代的圣哲贤王为师,像我这样的,是绝对不能效法的。因为如果取法于上,只能得其中,要是取法于中,就只能得其下了。我自从登基以来,所犯过失是很多的:锦绣珠玉不绝于前,宫室台榭屡有兴作,犬马鹰隼无远不致,行游四方供顿烦劳。所有这些,都是我所犯的最大过失,千万不要把我作为效法的榜样。"

古代的皇帝都信奉神仙之事，李世民则不然，足以说明他的观念很超前，非一般人所能比拟。

《旧唐书》记载：上谓侍臣曰："神仙事本虚妄，空有其名。秦始皇非分爱好，遂为方士所诈，乃遣童男女数千人随徐福入海求仙药，方士避秦苛虐，因留不归。始皇犹海侧踟蹰以待之，还至沙丘而死。汉武帝为求仙，乃将女嫁道术人，事既无验，便行诛戮。据此二事，神仙不烦妄求也。"

神仙不烦妄求也

上文大意是，唐太宗对侍臣道："神仙之事本就虚假不实，空有其名。秦始皇特别爱好此事，于是被讲神仙方术的人所欺诈，竟派遣童男童女数千人随徐福入海求仙药，方术之士为躲避秦朝严酷刑法，留在海外不回来。秦始皇还在海边徘徊等待仙药，回来到沙丘病死。汉武帝为求仙，竟将女儿嫁给道术之人，事情得不到验证，便将道术之士杀掉。根据这两件事，神仙不须妄求。"

秦始皇与汉武帝都是中国最不寻常的皇帝了，其功其名都彪炳史册。然而，唐太宗关于神仙的见解比他们更为高明。其实，就功业而言，唐太宗也可与秦始皇、汉武帝相提并论。

武则天最终还是将天下还给了李唐

武则天是中国历史上唯一的女皇帝,武周开国君主。她一度令亲生儿子或死或废,还大肆杀戮李唐宗嗣,企图传大位于娘家武氏。

《旧唐书》记载,神龙元年(705)春正月,皇上身体不适,诏令从文明元年(684)以后犯罪的人,除了扬、豫、博三州以及所有叛逆罪首外,都加以赦免。二十二日,麟台监张易之与弟司仆卿张昌宗谋反,皇太子率领左右羽林军桓彦范、敬晖等人入宫禁中将反贼诛杀。二十三日,皇太子代理国政,总统国家,大赦天下。这天,皇上传皇帝位给皇太子李显,迁居到上阳宫。二十七日,皇帝上尊号曰则天大圣皇帝。

冬十一月二十六日，武则天病危，遗令死后附到李唐之太庙、归到李氏陵墓，命令取消皇帝号，称作则天大圣皇后；王皇后、萧良娣二家以及褚遂良、韩瑗等人的子孙亲属当时受到牵连的，都令他们恢复常业。这天，武则天在上阳宫之仙居殿去世，享年八十三岁，谥号为则天大圣皇后。

最终，武则天还是下令归回李唐太庙，取消自己的皇帝称号，改称大圣皇后。其实，武则天也是因为"神龙革命"迫不得已，才回归李唐的，曾经差一点就要立自己的侄子为皇帝了。

据《资治通鉴·唐纪》记载，圣历元年（698年），武承嗣、武三思谋求为太子，几次派人对武则天说："自古天子没有把异姓当作继承人的。"武则天犹豫未决，宰相狄仁杰对她说："姑侄之于母子，哪个比较亲近？陛下立儿子，那么千秋万岁后，会在太庙中作为祖先祭拜；立侄子，从未听说侄子当了天子，把姑姑供奉在太庙的事。"又劝武则天召回李显。此后，武则天无意立武承嗣、武三思为太子，并将李显秘密接回洛阳。

其实，武则天明显受到了来自各方面的压力，彻底认识到李唐宗室是人心所向，如果自己再一意孤行，结局难免会失控。毕竟，经历了唐太宗的贞观之治和唐高宗的永徽之治，李唐宗室早已深得人心。

　　武则天确实才智超人，最后时刻也能做出正确选项。

我家朝堂，关你什么事

出身皇家的人，口气与心性自然不同于寻常人，底气不一样，什么都不一样。唐玄宗李隆基，更是从小就不寻常。

《旧唐书》记载：玄宗至道大圣大明孝皇帝名隆基，睿宗第三个儿子，母亲是昭成顺圣皇后窦氏。垂拱元年（685）秋八月，他在东都洛阳出生。他的性格英明果断，多才多艺，尤其精通音律，善写八分书，仪表雄伟英俊，不同寻常。垂拱三年（687），他被封为楚王。天授三年（692），他出到封藩之地，建立府署设置官属，年仅七岁。

每月初一、十五驾车到朝堂，金吾将军武懿宗忌讳玄宗严正，大声斥责仪仗队，想趁机使他折服。玄宗斥责他道："我家朝堂，关你什么事？胆敢压迫我的仪仗？"武则天听说后特别对他宠爱并感到奇异。不久反而回到京师。长寿二年（693）十二月十二日，他被封为临淄郡王。圣历元年（698），他到封藩之地，在东都积善坊获赐府第。大足元年（701），他跟从皇上到西京，在兴庆坊又获赐一处府第。长安中期，他历任卫郎将、尚辇奉御。

李隆基这几句话脱口而出，金吾将军又能奈何？武则天自己就是个敢作敢当之人，对李隆基自然会欣赏不已。

天下是他们家的，朝堂也是他们家的，其他人都是瞎操心而已。

逆大势而行难哉

天下大势是头等重要的，逆势而行难哉。晚唐的唐昭宗可谓是个悲剧皇帝，他身为"门生天子"，虽以雷霆手段铲除了宦官势力，但最终还是无力拯救衰微的唐王朝，自己竟死于乱刀之下。

唐昭宗曾意气风发，欲挽狂澜于既倒。《旧唐书》记载："帝攻书好文，尤重儒术，神气雄俊，有会昌之遗风。以先朝威武不振，国命侵微，而尊礼大臣，详延道术，意在恢张旧业，号令天下。即位之始，中外称之。"

然而，唐昭宗后期，唐朝犹如大厦将倾。他经历了太多的失败，回天乏术，哀莫大于心死，人也失去了精神。

《旧唐书》记载，光化三年十一月初六，左右军中尉刘季述、王仲先废掉昭宗，把他囚禁在东内的问安宫，请求皇太子李裕监国。当时昭宗把执政的权柄委托给崔胤，崔胤依仗着朱全忠的帮助，逐步压抑宦官。

而皇帝从华州回到皇宫以后，颇在游猎和饮酒方面放纵自己，喜怒无常，自从宋道弼等得罪被处死后，宦官们特别害怕。这一天，皇上在苑中行猎，酒醉得厉害，当天夜间，亲手杀死几名宦官和宫女。

刘季述等就出来和宰相商量说："皇上的行为像这样，不是一个能保全社稷的君王，废除昏君，拥戴明皇，是有先例可循的，这是有关国家存亡的大计，不是谋逆作乱。"即把百官召来，出具文状签名，崔胤等不得已被迫签了名。

刘季述便拿着百官们一起签名的文书，说："皇上倦于治理国事，朝廷内外官员们的情绪都希望由太子监国处理国政，请陛下在东宫颐养天年。"皇帝说："我昨天还和你们在一起高兴地喝着酒，不知不觉喝多了，哪至于到这个地步呢！"

皇后说："圣上就按他们这几位将军说的话办吧。"于是就当着皇帝的面取出玉玺交给刘季述，当时皇帝和皇后就共乘一辆车，和平时侍从左右的十几个宫人前往东宫去了。进宫之后，刘季述亲手把宫院的门锁上，每天只从窗户中把装着食品的食器送进去。

后来，朱全忠从军营返回大梁。昭宗重新恢复帝位，登上长乐门城楼，接受百官朝贺。

可是，最终唐昭宗还是死于朱全忠之手。作为当时晚唐最大的军阀，朱全忠是被朝臣们"请来"除阉平乱的，可没想到朱全忠在平了阉宦集团后，却和当年东汉末年的董卓一样，成了皇帝最大的梦魇，灭了唐朝后自己当了后梁开国皇帝。

喝了一顿酒，竟然把皇位搞丢了，真晦气！

魏徵与李世民完全是天作之合

直臣与明君，应该互信互利，相辅相成，共致良知，共度春秋，才可能共塑国家辉煌。

魏徵作为唐朝初年杰出的政治家、思想家、文学家和史学家，对唐太宗李世民缔造灿烂的贞观之治，发挥了重大的作用。如果没有这位凌烟阁二十四功臣中的第四号人物，唐太宗的政治功绩恐怕会大打折扣。

李世民的博大胸怀能容得下能犯颜直谏的魏徵。《旧唐书》记载：徵见太宗勋业日隆，每劝建成早为之所。及败，太宗使召之，谓曰："汝离间我兄弟，何也？"徵曰："皇太子若从徵言，必无今日之祸。"太宗素器之，引为詹事主簿。

这段文字说的是魏徵以前跟随太子李建成的时候，经常劝谏李建成把李世民安排到别的地方去。玄武门之变后，李世民派人把魏徵带来，问道："你为什么要离间我们兄弟？"魏徵只是回答："先太子要是按照我说的去做，就没有今日的祸事了。"李世民素来看重魏徵的才能，此时见他说话直爽，没有丝毫隐瞒，便将其赦免，授为詹事府主簿，从而将他吸纳为自己的幕僚。

魏徵也与李世民心心相印，彼此信任。《旧唐书》记载："太宗新即位，励精政道，数引徵入卧内，访以得失。徵雅有经国之才，性又抗直，无所屈挠。太宗与之言，未尝不欣然纳受。徵亦喜逢知己之主，思竭其用，知无不言。太宗尝劳之曰：'卿所陈谏，前后二百余事，非卿至诚奉国，何能若是？'"

这段文字说的是李世民有志于建立盛世，多次于卧榻召见魏徵询问得失。魏徵有治国的才干，性情又耿直，从不退缩屈服，李世民与他谈论，总能欣然接受他的意见。魏徵也为遇到赏识自己的君主而喜不自胜，于是把心里的想法全部说出来，毫不隐瞒。李世民曾经慰劳魏徵说："您所陈述进谏的事，前后有二百多项，不是至诚报效国家，怎么能够这样？"

李世民曾把魏徵比作良匠，自己比作金子。金子原在矿石里，它之所以称贵，是由良匠"锻而为器，便为人所宝"。

李世民曾经有言："贞观以前，从我平定天下，周旋艰险，玄龄之功，无所与让。贞观之后，尽心于我，献纳忠谠，安国利民，犯颜正谏，匡朕之违者，唯魏徵而已。"

总之，魏徵与李世民完全是天作之合，彼此互为知己，相互成就，完全克服了人性中的种种障碍，超越了一般君臣之间的关系，后人似乎也很难再超越他们，突破他们。

美哉！魏徵与李世民。

烂泥总是难以扶上墙的

有的人天生不肖，无论如何，烂泥总是难以扶上墙的。唐太宗的皇太子李承乾差不多就是这样的人，自己不争气，无法无天，竟还不满师父于志宁的反复劝谏，要派刺客去刺杀于志宁。

据史料记载，贞观十四年，皇太子李承乾日益奢侈放纵。于志宁为此撰写《谏苑》二十卷进行劝谏。唐太宗大喜，赐他黄金十斤、绢帛三百匹，又让他兼任太子詹事。

贞观十五年，于志宁因母亲去世，辞官守孝。唐太宗命中书侍郎岑文本宣谕道："自古忠孝不能两全，太子需要教诲，请你以国事为重。"于志宁只得复职。

当时，李承乾在农忙季节命人建造曲室，数月不停工，又沉溺于歌舞。于志宁进谏道："如今的东宫是隋朝时修建的，那时人们就说它奢侈豪华，怎能再进行雕凿装饰？"

李承乾不但不听劝告，还任用许多宦官，一同作乐。于志宁又劝谏道："宦官身心都不健全，善于阿谀逢迎，靠着主子受宠作威作福。如今殿下周围任用的全是宦官，轻慢高官，欺压朝臣，连路人都觉得奇怪。"太子更加不高兴。

后来，李承乾又私引突厥人，相互狎昵，而且不许宫中仆役轮休。于志宁便再次进谏。

《旧唐书》记载：承乾大怒，阴遣刺客张师政、纥干承基就杀之。二人潜入其第，见志宁寝处苫庐，竟不忍而止。及承乾败后，推鞫具知其事。太宗谓志宁曰："知公数有规谏，事无所隐。"深加勉劳。右庶子令狐德棻等以无谏书，皆从贬责。及高宗为皇太子，复授志宁太子左庶子，未几迁侍中。

上文大意是李承乾因于志宁屡次进谏大为恼怒，暗中派刺客刺杀于志宁。刺客不忍下手，于志宁这才得以幸免。贞观十七年，唐太宗废李承乾为庶人，东宫官属除了于志宁全都获罪。唐太宗还抚慰他道："听说您多次劝谏，承乾不听您的，所以到了这个地步。"不久，唐太宗立晋王李治为太子，再次任命于志宁为太子左庶子。

唐太宗去世后，太子李治继位，于志宁最后成为宰相，虽晚年被贬，也算功德圆满。

总之，师父尽心尽责了，太子自己没出息也没有办法。

天下之事没有都能两全其美的

中国人的官本位思想很重,以至于认为百业之中当官是第一位的,当了官意味着做什么都没有难处,甚至可以为所欲为,对权力完全失去了敬畏之心。

唐高宗时期的宰相李义琰却不是这么想的,他认为凡事没有都两全其美的,做了高官更要有美德。

《旧唐书》记载:义琰宅无正寝,弟义璡为司功参军,乃市堂材送焉。及义璡来觐,义琰谓曰:"以吾为国相,岂不怀愧?更营美室,是速吾祸,此岂爱我意哉!"义璡曰:"凡人仕为丞尉,即营第宅,兄官高禄重,岂宜卑陋以逼下也?"

义琰曰："事难全遂，物不两兴。既有贵仕，又广其宇，若无令德，必受其殃。吾非不欲之，惧获戾也。"竟不营构，其木为霖雨所腐而弃之。

以上文字的大意是，李义琰的住宅没有正室，他的弟弟李义琎为岐州司功参军时，就买了造屋用的木材送给他，等到李义琎来拜见，李义琰对他说："我作为国相，难道不感到愧疚吗？再建造华丽的正室，是让我的灾祸加速到来，这难道是爱我的意思吗？"李义琎说："一般人做到县丞廷慰之类的小官，就开始建造府地，而哥哥高官厚禄，难道就应该居住在卑陋狭小的房子里而给下属压力吗？"

李义琰说："天下凡事没有十全十美的，凡事不可能两方面都兴盛。我已经做了高官，又扩建宅第，如果没有美德，必然遭受灾祸。我并非不喜欢，而是心中有惧怕啊。"李义琰最终也没有营建正室，那些木材经风吹雨淋，腐朽后被丢弃了。

李义琰兄弟俩这段对话堪称经典。弟弟的话代表了大多数旁观者的想法，当大官就应当住大宅，而哥哥身在高位，自有高处不胜寒的想法，反而有所敬畏。

其实，这也不必全依靠道德约束，可以建立公开透明的制度，让旁观者少了猜想，当事人少了危险，岂不更好？

再厉害的角色也有软肋

再厉害的角色也有软肋。武则天厉害至极，但她也有点惧怕唐朝名将刘仁轨。

这个刘仁轨不简单，本是汉章帝刘炟之后，从平民起步，直至位极人臣，曾在白江口之战中大败倭国、百济联军而名震天下。

《旧唐书》记载：则天临朝，加授特进，复拜尚书左仆射、同中书门下三品，专知留守事。仁轨复上疏辞以衰老，请罢居守之任，因陈吕后祸败之事，以申规谏。

则天使武承嗣赍玺书往京慰喻之曰："今日以皇帝谅暗不

言，眇身且代亲政。远劳劝诫，复表辞衰疾，怪望既多，徊徨失据。又云'吕后见嗤于后代，禄、产贻祸于汉朝'，引喻良深，愧慰交集。公忠贞之操，终始不渝；劲直之风，古今罕比。初闻此语，能不罔然；静而思之，是为龟镜。且端揆之任，仪刑百辟，况公先朝旧德，遐迩具瞻。愿以匡救为怀，无以暮年致请。"寻进封郡公。

《旧唐书》的这段文字很有意思，让我们领教了刘仁轨的劲直之风，更是难得地体会到了武则天一贯厉行酷政的另外一面。

这段文字说的是弘道元年十二月，唐高宗驾崩，皇太后武则天执政，加授刘仁轨为特进。次年，刘仁轨又被任命为尚书左仆射、同中书门下三品，专任西京留守，独自主持长安的留守事务。刘仁轨却以年老体弱为由而上书推辞，请求免除自己的留守之任。他还乘机陈述西汉吕后乱政败亡之事，以申明对武则天的讽谏之意。

武则天览奏后，派侄子武承嗣专程前往长安慰问刘仁轨，向其解释道："今日因皇帝正在守丧不能开口发布政令，眇身我（武则天）暂时代替他处置政事。劳您从远处劝诫，又上表

声称年老多病要辞职，内心多有责备抱怨，使我忧虑不安，进退无据。你又说'吕后被后代耻笑，吕禄、吕产给汉朝带来灾难'，比喻实在深刻，使我欣慰和惭愧交集。您忠贞的操守，终始不变；劲直的气节，古今罕比。开始时听到这种话，怎能不感到迷惘；静而深思，足为借鉴。而且宰相之位，是百官的楷模，何况您是先朝旧臣，为远近所注目。希望您以匡正补救国事为怀，不要以年迈为由请求退休。"不久，朝廷进封刘仁轨为乐城郡公。

刘仁轨够直接，通过吕后之喻表达了对武则天把持朝政的不满；而武则天好话说尽，对刘仁轨极尽赞美、安抚和劝说。

事实上，武则天少有地一直优待刘仁轨。刘仁轨逝世时享年八十四岁，武则天为其辍朝三日，命在京官员依次到他家中吊祭，追赠开府仪同三司、并州大都督，陪葬乾陵，赐其家实封三百户。

也许，这是武则天高明的政治手腕，安抚好刘仁轨这样的重臣，她才有施展权术的空间。

娶名门之女不成，还被打死在朝堂

  唐朝武则天把持朝政时期，发生了许多特别的事情。其中之一，就是武则天竟重用一帮泼皮充当酷吏，成为她打击异己的政治手段。

  这些流氓出身的酷吏大字都不识几个，根本不懂做官之事，只会严刑拷打、诬陷别人。然而这些泼皮也喜欢借机往上攀附，不甘于自己的草莽底色一成不变。

  《旧唐书》记载：是时，来俊臣、侯思止等枉挠刑法，诬陷忠良，人皆慑惧，昭德每廷奏其状，由是俊臣党与少自摧屈。来俊臣又尝弃故妻而娶太原王庆诜女，侯思止亦奏娶赵郡李自挹女，敕政事堂共商量。昭德抚掌谓诸宰相曰："大可笑！往年俊臣贼劫王庆诜女，已大辱国。今日此奴又请索李自挹女，无乃复辱国耶！"寻奏寝之。侯思止后竟为昭德所绳，榜杀之。

上文大意是：这个时期，来俊臣、侯思止等人歪曲刑法，诬陷忠良，人人都惧畏他们，李昭德每次都在朝廷奏他们的枉法情状，俊臣的党羽也稍稍受到挫折。来俊臣曾弃故妻娶太原王庆诜之女，侯思止也上奏要娶赵郡李自挹之女，太后要政事堂共同商量。李昭德抚掌对诸宰相说："太可笑，往年来俊臣像贼一样强取了王庆诜之女，已经是对国家大大的羞辱。今日此奴又请求索取李自挹之女，莫不是又要来辱国吗？"这样，此事才作罢，侯思止后来竟被李昭德依法处死在杖刑之下。

这个李昭德可是出身官宦世家的宰相，彼时也深得武则天信任，他可不惯这些酷吏的毛病。来俊臣、侯思止等酷吏在朝中横行无忌，以致百官畏惧时，李昭德多次当廷参奏他们，大挫酷吏气焰。

李昭德对两个泼皮先后都要娶名门世族之女，非常愤慨，认为这是贼与强盗般的行为，有辱国家，不能容忍。

于是，这个侯思止非但没有美梦成真，后来还因违反禁令，私下积蓄锦缎，遭到告发，李昭德借机将他乱棍打死在朝堂之上。

人走茶凉是官场的常态

做人讲究本分与节操，有之即有人情味，无之则无人味。

唐朝名相姚崇，本名元崇，先后在武则天、唐睿宗、唐玄宗三朝任过宰相，无论是政绩还是资历，在当时几乎无人能比。姚崇也确实很会做人，令皇帝们很是信任。

《旧唐书》记载：则天移居上阳宫，中宗率百官就阁起居，王公已下皆欣跃称庆，元之独呜咽流涕。彦范、柬之谓元之曰："今日岂是啼泣时！恐公祸从此始。"元之曰："事则天岁久，乍此辞违，情发于衷，非忍所得。昨预公诛凶逆者，是

臣子之常道，岂敢言功；今辞违旧主悲泣者，亦臣子之终节，缘此获罪，实所甘心。"

这段文字说的是神龙政变后，武则天移居上阳宫，百官都为唐朝复辟而相互称庆，只有姚崇哭泣不止。张柬之对他道："今天难道是哭泣的时候吗？恐怕您从此要大祸临头了。"姚崇道："我长期事奉则天皇帝，现在突然辞别，感到悲痛难忍。我随你们诛除凶逆，是尽臣子本分，今日泣辞旧主，也是人臣应有的节操，就算因此获罪，我也心甘情愿。"

姚崇发自内心的表现，虽与众不同，但颇令人信服。诛除凶逆与泣辞旧主一码归一码，但都是人臣本分与节操的体现。

而许多失了本分与节操的人，都是风中杨柳，一味地随势倒伏。如此，人走茶凉是官场的常态，谁有权力跟谁走，谁没权力躲着谁。这种现象还是出于对利益的考量。

有权的人未必真有能耐

有貌的人未必有才,有权的人更未必有才,前者属于徒有其表,后者可谓徒有其权。但是,有貌的人一般都过得不错,有权的人有些则会仗势欺人,觉得他比所有下属高明,久而久之,武大郎开店是常有的事了,凡是高我者皆不用。

《旧唐书》记载:嵩美须髯,仪形伟丽。初,娶会稽贺晦女,与吴郡陆象先为僚婿。象先时为洛阳尉,宰相子,门望甚高。嵩尚未入仕,宣州人夏荣称有相术,谓象先曰:"陆郎十年内位极人臣,然不及萧郎一门尽贵,官位高而有寿。"时人未之许。

这是说唐朝宰相萧嵩相貌英俊，生有美髯，娶会稽贺氏之女贺睿为妻，与陆象先是连襟。当时，陆象先担任洛阳尉，又是宰相之子，士人争相结交。而萧嵩尚未出仕，无人关注他。后来，一个叫夏荣的人善于相术，对陆象先道："您十年之后能位极人臣，但不如萧郎一门尽贵。"时人却不以为然。

果不其然，萧嵩后面位极人臣，当了宰相。但因为能力不济，出洋相的事情还在后面。

唐玄宗曾经很看重苏颋，欲任用他为宰相，但不想让左右之人知道，便在夜间命正在值宿的中书舍人萧嵩写诏书。萧嵩写完后，玄宗见上面有一句"国之瑰宝"，便道："苏颋是苏瑰的儿子，我不想使用他父亲的名讳，你替我改正过来。"又让人撤出帐幕中的屏风给萧嵩使用。

萧嵩立马惭愧恐惧流出了汗，很久时间不能下笔，最后只改成"国之珍宝"，别的都没有更改。萧嵩退出后，玄宗将他起草的诏书扔到地上，道："真是虚有其表。"

身为宰相却连一篇诏书都改不好。可见，才能与官位有时候是不相称的，滥竽充数者与尸位素餐者比比皆是啊。

皇帝对周围人很难有真正的信任

一般而言，武将都生性粗犷，不如文臣心思细腻，即便立了军功，也会招来嫉妒，引人构陷。皇帝一般都是听信身边人的谗言，害怕武将功高盖主，乃至反叛。

唐朝将领李怀光因功勋日盛，引发宰相卢杞的构陷和唐德宗的猜忌，终于走上了反叛朝廷的不归路。

李怀光生性粗疏而且固执，也为别人诬陷他留下了把柄。兴元元年（784年）二月，皇帝下诏加封他为太尉，并赐给他铁券。李怀光竟然大怒，把铁券扔到地上说："凡是怀疑臣子反叛，才赐给铁券，现赐给我，是叫我反叛。"言语态度尤其放肆,众人听了感到害怕。

后来,唐德宗调兵遣将,将李怀光杀了。他的儿子李璀、李瑗等人都死了,只有他的妻子王氏还在。唐德宗特地免她一死。到这时,又怀念李怀光旧日的功劳,对他没有后人感到难受,就命令李承绪继承他。

《旧唐书》记载:五年,又诏曰:"怀旧念功,仁之大也;兴灭继绝,义之弘也。昔蔡叔圮族,周公封其子于东土;韩信干纪,汉后爵其孥以弓高。侯君集之不率景化,我太宗存其胤以主祀。详考先王之道,泊乎烈祖之训,皆以刑佐德,俾人向方,则斧钺之诛,甲兵之伐,盖不得已而用也。"

这段文字说的是贞元五年(789年),皇帝又下诏书说:"怀念故人的功劳,是重要的仁德;兴复灭绝的家族,是重要的义举。过去蔡叔家族衰败,周公把他的儿子封为东方诸侯;韩信反叛,汉文帝把他的儿子封为弓高侯。侯君集不遵王法,太宗皇帝保留他的后代主持祭祀。详细考察先王的做法,以至祖先的教诲,都是用刑法来辅佐仁德,使人守法。用斧钺施刑、甲兵征讨,是不得已才做的事。"

唐德宗自我标榜一番之后,虽然觉得李怀光咎由自取、自绝于国家和人民，但怀念他有功劳，却成为孤鬼无人祭祀，想起来心里不安，便大发慈悲，将李怀光外孙燕八八赐姓李，改名承绪，任命为左卫率府胄曹参军，成为李怀光继承人。

其实，皇帝这样做是给天下人看的。他只是要李承绪乃至天下人努力继续像李怀光那样为国立功，而不要像他那样违背命令。

皇帝管理万民，需要文臣武将的支持，但他又时时处处提防着他们，以防生出不测。所以，皇帝对这些人是很难有真正的信任。

成也圈子，败也圈子

有的人天生有政治头脑，也富有改革精神，一有机会，便能拢人成事，起势成功，确实是有一套别人所没有的能耐。

唐代政治家、改革家王叔文就是这方面的高手，可谓有理想有抱负。他刚刚执掌政权，便和当时著名的士大夫如柳宗元、刘禹锡、韩泰、凌准、程异等结交甚密，史称"二王八司马"，积极改革唐德宗时留下的不少弊政，前后掌权146天，史称"永贞革新"。

《旧唐书》记载：德宗崩，已宣遗诏，时上寝疾久，不复关庶政，深居施帘帷，阉官李忠言、美人牛昭容侍左右，百官上议，自帷中可其奏。王伾常谕上属意叔文，宫中诸黄门稍稍知之。其日，召自右银台门，居于翰林，为学士。叔文与吏部郎中韦执谊相善，请用为宰相。叔文因王伾，伾因李忠言，忠言因牛昭容，转相结构。事下翰林，叔文定可否，宣于中书，俾执谊承奏于外。与韩泰、柳宗元、刘禹锡、陈谏、凌准、韩晔唱和，曰管，曰葛，曰伊，曰周，凡其党僩然自得，谓天下无人。

这段文字的意思是唐德宗驾崩，已经宣读了遗诏，当时唐顺宗病倒很久了，不再干预众多政务，住在宫中挂着帘幕，宦官李忠言、美人牛昭容在左右侍候，百官呈上奏议，他从帘幕中决定是否可行。王伾经常劝皇帝委政王叔文，连宫中宦官都逐渐知道了这件事。一天，皇帝把王叔文从右银台门召进宫中，进入翰林院，任学士。王叔文与吏部郎中韦执谊要好，就请求任命韦执谊为宰相。王叔文依靠王伾，王伾依靠李忠言，李忠言依靠牛昭容，相互勾结。政务交给翰林院，王叔文决定取舍，在中书省宣读诏令后，让韦执谊在外承旨执行。又与韩泰、柳宗元、刘禹锡、陈谏、凌准、韩晔相呼应，互称管仲、诸葛亮、伊尹、周公。凡是他们的党羽都洋洋得意，认为天下无人匹敌。

王叔文确实擅长玩核心政治。早年，唐德宗命他侍奉太子。太子曾和侍读们议论政事，谈到宫市的弊端，太子说："我见皇上时，将尽力陈述这看法。"众侍读称赞太子的仁德，只有王叔文不说话。众人散去，太子对王叔文说："刚才谈论宫市，为什么只有您不说话？"王叔文说："皇太子侍奉皇上，除按礼节问候饮食身体外，不应擅自干预宫外事务。皇上在位年岁已久，如果有小人离间，说太子收买人心，那么自己怎能辩解？"太子感谢他说："如果没有先生，我怎能听到这话！"从此看重他，宫中的事情，倚仗他来决断。

王叔文得势后，常在回答太子问话时，就说："某人可任宰相，某人可任将军，希望今后任用他们。"他秘密结交想寻机快速升迁的当时知名人士，和一帮十几人成了小圈子，相互结为生死之交。

当然，玩弄政治的风险必然很大，王叔文后来被先贬后杀，结局很惨。

事实上，王叔文在推行新政的过程中广结朋党、培植亲信，不断壮大自己的"圈子"，触动了宦官、藩镇、重臣、宰相、皇室的利益。王叔文可谓是成也"圈子",败也"圈子"。

历史上,对王叔文的评价颇有争议,有人说"叔文行政,上利于国,下利于民,独不利于弄权之阉臣,跋扈之强藩"。有人则认为"叔文沾沾小人,窃天下柄,与阳虎取大弓《春秋》书为盗无以异"。

其实,历史谁也说不清,政治更是一笔糊涂账。

总有人想着不为而位不劳而获

做人有一个基本原则，即无论你官位高低，也无论事情大小，你都应该尽心尽力，尽可能将事情做得无懈可击。

如果放弃了这个基本原则，那难免留下话柄，甚至留下后患。

《旧唐书》记载：永泰初，涓为监察御史。时禁中失火，烧屋室数十间，火发处与东宫稍近，代宗深疑之，涓为巡使，俾令即讯。涓周历墙闬，按据迹状，乃上直中官遗火所致也，推鞫明审，颇尽事情。既奏，代宗称赏焉。

这段文字说的是永泰初年，赵涓当监察御史时，皇宫中

着火，烧毁了几十间房屋，因为失火的地点距离东宫很近，代宗皇帝对此感到非常怀疑。赵涓担任巡使，奉命进行调查。赵涓立案侦察，查明火灾原因是由于值班太监遗落的火种而引起的。调查推理的过程报告得十分详细，事实非常清楚。代宗皇帝对他很赞赏。

唐德宗当时为东宫太子，非常感谢赵涓调查得详细明白。等到赵涓出任衢州刺史以后，年岁已高，韩滉请示皇帝想要免除他的官职，德宗皇帝见到请求公文上赵涓的名字问宰相：

"是不是永泰初年那个御史赵涓？"宰相回答说："是。"没过几天，皇帝任命赵涓为监察百官、权势极大的尚书左丞。

可见，一个人有了做事认真的口碑，运气便坏不到哪里去。因为人生在世，人总要经事，若事都做得七零八落，还谈什么做人呢？

尤其是担任公职的人，议论之声就会更多，先做好本职工作，再去谈别的也不迟。有作为的人居有职位当然是天经地义。可是，总有人想着走捷径，不劳而获，尸位素餐。

经天纬地，抑或经营权力

选官历来是国之大者。以什么方式选官，选出什么样的官，几乎决定了社会将会进步还是倒退，国家将会兴旺还是衰落。

古代贤者将鉴别人才、举贤任能，视为辅弼帝王的重要方式。唐代中后期名相裴垍，坚持秉公办事，严肃认真，不受贿赂，皆以实才取人，贬抑庸劣，使政治清明。

《旧唐书》记载：元和初，召入翰林为学士，转考功郎中、知制诰，寻迁中书舍人。李吉甫自翰林承旨拜平章事，诏将下之夕，感出涕。谓垍曰："吉甫自尚书郎流落远地，十余年方归，便入禁署，今才满岁，后进人物，罕所接识。宰相之职，宜选擢贤俊，今则懵然莫知能否。卿多精鉴，今之才杰，为我言之。"垍取笔疏其名氏，得三十余人。数月之内，选用略尽，当时翕然称吉甫有得人之称。

这段文字说的是宪宗元和初年，裴垍被召入翰林院担任学士，后来又升任中书舍人。李吉甫身为翰林学士被授以宰相职位时，感动得流泪了。他对裴垍说："我被流放到远方，经历十多年才能辅佐皇帝担任宰相，近来被推举上来的人物，很少有我结交认识的。而且宰相的职责，应当是举荐贤良任用能干的人才，您仔细甄别后告诉我。"裴垍拿起笔来上书列出三十多人。李吉甫把这些人推荐给朝廷，当时人们纷纷称赞李吉甫知人善任。

裴垍虽然年轻，但是通晓大事，严格遵守法令制度，即使久居高位的大官也不敢拿私事去请托于他。

裴垍最初担任翰林学士任职时，正是宪宗皇帝刚刚平定蜀地的战乱的时候。宪宗皇帝励精图治，专心理政，机密事务全都交给裴垍办理。裴垍主持朝政以后，他整顿法度，请求惩治不法行为并考核官员们的政绩，所提内容都被皇上欣然采纳。

裴垍这种正派的为官风格，确实也有赖于宰相李吉甫的支持。可以说，他们两个人在官场上形成了很好的组合。李吉甫知道裴垍可以鉴别出优秀人才，裴垍也知道李吉甫能够很好地重用贤良人才。他们相互辅助而成就，彼此不忌讳，不掣肘。所说的"经天纬地"的大臣，恐怕就是他们这样的人吧。

勿庸讳言，官场上的各种圈子抑或帮派，不是在经天纬地，而是在经营权力，捞取名利，化公器为私有，不以国家利益为重，只知想方设法去满足私欲。

大臣得有大臣的风采

历朝历代，许多大臣只是摆设而已，既没有真知灼见，也没有实际才干，更不敢决策、不敢担当，只会依靠阿谀奉承来讨皇帝的欢心。

唐朝大臣许孟容却是个例外，许孟容的行事方式以及评议他人的才德，都显示出了大臣应有的风采。

《旧唐书》记载：十年六月，盗杀宰相武元衡，并伤议臣裴度。时淮夷逆命，凶威方炽。王师问罪，未有成功。言事者继上章，疏请罢兵。是时盗贼窃发，人情甚惑，独孟容诣中书省雪涕而言曰："昔汉廷有一汲黯，奸臣尚为寝谋。今主上英明，朝廷未有过失，而狂贼敢尔无状，宁谓国无人乎？然转祸为福，此其时也。莫若上闻，起裴中丞为相，令主兵柄，大索贼党，穷其奸源。"后数日，裴度果为相，而下诏行诛。

上文说的是元和十年（815），盗贼杀害了宰相武元衡，并击伤议臣裴度。当时淮夷叛乱，凶焰正烈，朝廷派兵征讨未获成功，朝官们相继奏请皇上罢兵。这时盗贼出发，人心十分惶惑，惟独许孟容去到中书省边拭泪边说："从前汉世朝廷有一位诤臣汲黯，奸臣尚且施行阴谋。现在主上英明，朝廷没有失误，可是狂贼胆敢如此嚣张，难道说国家真是没人了吗？然而转祸为福现在正是时候。不如奏请皇上，起用裴中丞为宰相，让他掌管兵权，大举搜索贼党，断绝祸根。"数日后，裴度果然做了宰相，立即下诏讨伐叛党。

许孟容是个有原则的官员。有一公主之子，请求补弘文馆、崇文馆诸生，许孟容坚持原则不应允。公主向皇上告状，皇上命太监查问情况。许孟容据理禀奏终于得胜。

许孟容用人唯才是举。他代理礼部贡举时，淘汰了一些浮华之人，选拔了一批多才多艺之士，后出任河南尹，亦有威望和名声。

许孟容作为大臣，人品是过硬的。他为人正直刚强，博学多识，善做文章。他对礼法的说解、对前代经典的考释都很确凿合理，因此受到人们称赞。许孟容又好助人成事，喜欢结交和选拔贤良之人，因此士人纷纷归附他。

历史总归是历史，那些摆设一样的大臣终究是昙花一现，不会留有什么好的名声。而像许孟容这样的大臣，在历史上必然会留下些令人仰慕的印迹。

官场上总有矫情之人

官场有些矫情之人,凡事好争个规矩,争个讲究,有时候也让人讨厌。

唐代大臣王彦威出身儒学世家,青年时代曾撰《元和新礼》30卷,因而担任太常博士。于文宗大和6年担任史官,著作甚丰。然而,在官场上,王彦威实在不讨人喜欢。

《旧唐书》记载:兴平县人上官兴,因醉杀人亡窜,吏执其父下狱,兴自首请罪,以出其父。彦威与谏官上言曰:"杀人者死,百王共守。若许杀人不死,是教杀人。兴虽免父,不合减死。"诏竟许决流。彦威诣中书投宰相面论,语讦气盛。

执政怒，左授河南少尹。

上文说的是有一兴平县人，名叫上官兴，醉酒杀人后逃亡，县吏抓了他的父亲下狱，上官兴自首请罪，以求释放他的父亲。王彦威与谏官上书奏道："杀人者处死，乃古今百王共守之理法。假若容许杀人者不被处死，这是教唆杀人。上官兴虽使其父免于囚禁之苦，也不应减免死罪。"诏令最终准许判处流放。王彦威到中书省谒见宰相当面论说，语直气盛。执政宰相发怒，将王彦威降为河南少尹。

王彦威是读书人出身，通晓典章制度，宿儒硕学都要退让几分，但难免过犹不及。按照旧例，祔庙之礼需先到太极殿祝祷，然后敬奉神主前往太庙，祔礼完毕后，不再到太极殿禀告。当时，唐宪宗祔庙礼毕，执政官不详旧典，命主持官员再到太极殿禀告祔庙祭享之礼完毕，王彦威坚决认为不可，执政官大怒。

王彦威做官并不通透，私心也重。他掌管财权以后，心中希望大受重用。当时内官仇士良、鱼弘志在宫中专权，先前，左右神策军常将朝廷所赐衣物拿到度支署中估价换钱，判使多半曲意顺从，付给优厚的价钱。开成初年，朝廷下诏禁止，但那些逐利之人仍希望判使顺从他们的请托。到这时，王彦威大结私恩，只要内官请托，没有不如意的，舆论鄙薄他浮躁妄为。

其实，人性尤其复杂，读书是一回事，做官又是一回事，道理差得远了，千万不能一根筋。

有人遇上了这么多不成熟的小皇帝

中国历史上的年轻皇帝乃至年幼皇帝很多，他们身边的大臣尤其是宰相对他们的影响不容忽视。

唐朝中期名相韦处厚，致力于匡时救世，从不为自身打算，在调教小皇帝上煞费苦心，可谓鞠躬尽瘁。

《旧唐书》记载：时昭愍狂恣，屡出畋游。每月坐朝不三四日。处厚因谢，从容奏曰："臣有大罪，伏乞面首。"帝曰："何也？"处厚对曰："臣前为谏官，不能先朝死谏，纵先圣好畋及色，以至不寿，臣合当诛。然所以不死谏者，亦为陛下此时在春宫，年已十五。今则陛下皇子始一岁矣，臣安得更避死亡之诛？"上深感悟其意，赐锦彩一百匹、银器四事。

这段文字说的是当时昭愍皇帝，也就是唐敬宗，狂放恣肆，经常出外狩猎游玩，每月坐朝不过三四日，韦处厚趁着谢恩的机会从容启奏道："臣有大罪，乞求当面自首。"皇上问："何事？"韦处厚回答道："臣在前朝当谏官时不能冒死相谏，纵容先圣贪恋狩猎及美色，导致（先帝）不能长寿，臣罪当诛。然而之所以不能死谏，也因陛下此时在东宫，年已十五。现在陛下皇子才满一岁，臣怎能再逃避死亡之诛呢？"皇上深悟其意颇为感动，赐锦彩一百匹、银器四套。

其实，敬宗之前的穆宗，以及之后的文宗，都让韦处厚操碎了心，好言好语说了一大堆，规劝他们用心朝政，以保大唐江山能够续命。

唐穆宗皇帝年轻荒唐，不理朝政，贪图游猎和酒色。韦处厚忠于皇家，见此心中颇忧。并择编《六经法言》20篇，送给唐穆宗阅读，希望穆宗自珍自勉。皇上赠以缯帛银器，并赐紫服金鱼袋。

唐文宗倒是勤于听政，却轻于决断，宰相奏事得旨，诏命往往中途改变。韦处厚曾独自上奏论说："陛下不因臣等不肖，用臣等为宰相，参议大政。凡有奏请，初蒙圣上听纳，随即又改变圣旨。若确出陛下之意，则表明臣等不可信任，若出于朝官妄加非议，臣等在朝中有何威信？再说裴度乃德高望重之元勋，历辅四朝大政，孜孜不倦竭尽忠诚，民望所归，陛下本应亲近器重。"皇上听从了他的意见。从此宰相奏事，朝官不敢妄加非议。

韦处厚这个宰相当得不容易，遇上了这么多不成熟的年轻皇帝，好在他为人忠厚宽和，立身正直，耿介无私，尽到了一个宰相的责任。

国人向来相信圣水之类的东西

国人之迷信，大有历史传承。什么圣水、圣山、圣人之类的，时不时地冒出来，黎民百姓少不了遭殃。

《旧唐书》记载：宝历二年，亳州言出圣水，饮之者愈疾。德裕奏曰："臣访闻此水，本因妖僧诳惑，狡计丐钱。数月已来，江南之人，奔走塞路。每三二十家，都顾一人取水。拟取之时，疾者断食荤血，既饮之后，又二七日蔬飧，危疾之人，俟之愈病。其水斗价三贯，而取者益之他水，沿路转以市人，老疾饮之，多至危笃。昨点两浙、福建百姓渡江者，日三五十人。臣于蒜山渡已加捉搦。若不绝其根本，终无益黎氓。昔吴时有圣水，宋、齐有圣火，事皆妖妄，古人所非。乞

下本道观察使令狐楚,速令填塞,以绝妖源。"从之。

这段文字说的是宝历二年(826),亳州传言涌出圣水,饮用它即能病愈。李德裕呈奏说:"臣访察得知,所谓圣水原来是妖僧谎言骗人,施用诡计骗钱。数月以来,江南百姓,竞相奔往,塞满一路。每二三十家,都派一人取水。将去取水之时,患者停食荤腥,饮水之后,又素食两个七日;危重病人,坐等病愈。那水每斗价钱三贯,而取水的人又掺进别的水,沿途转手倒卖；患有沉疴痼疾的病人饮水后，大多病情更加危重。日前查点两浙、福建过江取水的百姓，每日三五十人。臣在蒜山渡已进行捉拿。如不断其根本，终将损害黎民。以往吴国时传言有圣水，宋、齐时传言有圣火，其实都是妖异妄言，古人也不认可。敬祈下诏本道观察使令狐楚，火速令其填塞，以求断绝妖源。"朝廷依从他的奏请。

从这记载看，宰相李德裕确是明白人。这个世界上哪有什么圣水啊！但是，从古至今，这种妖言惑众的诡计从未停止过。

其背后的缘由是什么？弄钱、弄权罢了。然而，倘若有迷信之人，就会有人去设法作弄他们。

一个男宠竟然还能威震天下

武则天无疑是个大人物,其男宠薛怀义也是个了不得的人物,史称"薛怀义擅宠武后朝,威震天下"。

《旧唐书》记载:薛怀义者,本姓冯,名小宝。以鬻台货为业,伟形神,有膂力,为市于洛阳,得幸于千金公主侍儿。公主知之,入宫言曰:"小宝有非常材用,可以近侍。"因得召见,恩遇日深。

这段文字的意思是薛怀义本姓冯,名小宝。以卖台货为业,身躯魁梧,强健有力,在洛阳做买卖,得以遇见千金公主的婢女。千金公主了解他后,进宫说:"冯小宝有非同寻常的资质能力，可以让他充当近身侍者。"因而得到武则天召见，武则天对他的赏识厚待日甚一日。

武则天想隐蔽他的行迹，便于他在宫中进出，于是将他剃发为僧人。还考虑到薛怀义不是世家大族出身，于是将他改姓为薛，让他与太平公主的夫婿薛绍联为一族，叫薛绍把他当自己最小的叔父侍奉。

从此，薛怀义便与洛阳德高望重的僧人法明、处一、惠俨、眣行、感德、感知、静轨、宣政等在宫内道场念经诵法。薛怀义进出宫廷都乘坐宫廷马厩的马，由宦官随身侍从，武氏在朝中有权势的众显贵官员，都匍伏在地行大礼谒见他，民间称呼他为"薛师"。

薛怀义政治上给了武则天很大的支持，他与法明和尚等编撰《大云经疏》，陈述符谶预言，称武则天是弥勒佛转世，做中华及东方诸国君主，李唐王朝运当衰微。因此武则天改朝换姓立朝称"周"。

薛怀义也是个有个性的人，后来他厌倦再进宫中，平时大多居住在白马寺，刺血绘画大佛像；又挑选体力强健的平民将他们剃度为僧，人数上千。武则天说："这个和尚的疯病发作，无法深究。他所剃度的僧人任凭卿审问论罪。"

薛怀义的结局自然是不会善终。武则天成为皇帝后，身边的男宠逐渐多了起来，慢慢移爱于一个叫沈南璆的人了。薛怀义一气之下，干脆不进宫见武则天了，整天待在白马寺里，和他剃度的那些小流氓胡闹。

最终，火烧明堂半个多月之后，薛怀义被杀。

李白竟让宦官给他脱靴子

宦官是宦官，诗人是诗人，在皇帝面前谁更牛？

高力士是唐代著名宦官，对唐玄宗忠心耿耿、不离不弃，被后世称赞为史无前例的忠义宦官。有意思的是，唐代大诗人李白与高力士还有交集。

《旧唐书》记载：每四方进奏文表，必先呈力士，然后进御，小事便决之。玄宗常曰："力士当上，我寝则稳。"故常止于宫中，稀出外宅。若附会者，想望风彩，以冀吹嘘，竭肝胆者多矣。

意思是每有四方进呈上奏文表，必先送呈高力士，然后进

奉御前，小事便自行裁决。唐玄宗常说："力士应承于前，我歇息则安稳。"因而常止息于宫中，很少出外宅。至于欲求依附，想一睹其风采，以期其在君王前讲好话，而输诚竭力的人很多。

众人都想依附高力士，李白却没把高力士当回事。

天宝初年，李白来到长安，有人把他推荐给唐玄宗，唐玄宗在金銮殿召见他，封他为供奉翰林，要他在宫中写诗作文。

李白虽然经常参加宫廷宴会，但他蔑视权贵，并不把皇帝和皇帝身边那些有权有势的人放在眼里。有一次，他在宫中喝醉了，竟伸出了脚，对坐在身旁的高力士说："给我脱掉靴子。"高力士一时不知所措，只得给李白脱下靴子。当时，高力士权力很大，文武百官没有一个不巴结他的，他还从来没有受过这样的侮辱。

高力士当然会报复李白。他在杨贵妃面前说李白的坏话，说李白写诗轻侮杨贵妃，使她记恨李白。后来唐玄宗几次想任命李白官职，都被杨贵妃阻止了。

当然，大诗人本来也当不了什么官，而忠义宦官却是死心塌地地做他的宦官，直至吐血而亡。

未经许可，不得以任何方式复制或抄袭本书之部分或全部内容。
版权所有，侵权必究。

图书在版编目（CIP）数据

古文今观．观人/燕园春秋著．—北京：电子工业出版社，2024.5
ISBN 978-7-121-47829-1

Ⅰ．①古⋯　Ⅱ．①燕⋯　Ⅲ．①人生哲学－通俗读物　Ⅳ．①B821-49

中国国家版本馆CIP数据核字（2024）第092938号

责任编辑：潘　炜
印　　刷：北京瑞禾彩色印刷有限公司
装　　订：北京瑞禾彩色印刷有限公司
出版发行：电子工业出版社
　　　　　北京市海淀区万寿路173信箱　邮编：100036
开　　本：720×1000　1/16　印张：34.5　字数：315千字
版　　次：2024年5月第1版
印　　次：2024年5月第1次印刷
定　　价：208.00元（全三册）

凡所购买电子工业出版社图书有缺损问题，请向购买书店调换。若书店售缺，请与本社发行部联系，联系及邮购电话：（010）88254888，88258888。
质量投诉请发邮件至zlts@phei.com.cn，盗版侵权举报请发邮件至dbqq@phei.com.cn。
本书咨询联系方式：（010）88254210，influence@phei.com.cn，微信号：yingxianglibook。

燕园春秋——著

古文今观

观已

电子工业出版社
Publishing House of Electronics Industry
北京·BEIJING

目录

半瓶子醋者是一种天性使然	007
"迷之自信"的孟子	009
古代的庄姜与当代的网红大大不同	013
夏虫不可以语冰	018
躺平不是真正的逍遥游	021
通透地活着	026
可、不可、无可无不可	029
相濡以沫,不如相忘于江湖	032
鸿蒙是何方神圣	036
河神前面有海神	041
魏武侯会笑了	045
点亮自己的灯	049
西汉时陈平也是"神"一样的存在	053

人生还是行好事	057
世人皆好孔方兄	061
华歆和铿锵玫瑰	064
一盘烤肉所换来的	067
何时再有嵇康	071
这个酒鬼，由他去吧	076
敬鬼神不如尽人事	079
"东床坦腹"何以为婿	082
人生当如许璪睡好觉	085
"张翰摇头唤不回"	089
聪明的杨修错在哪里	092
"深不可识""善为士"	095
淡泊名利者寡矣	099

目录

韩愈对石处士的期望	103
我言秋日胜春朝	106
寻找自己的"桃花源"	111
父女两人毁两朝	115
王戎不是"另类",今要另当别论	119
穷苦亦可凭己跻身上流圈	124
刚正大义属庾纯	128
潘安的悲剧	132
真名士自风流	136
分甘共苦真朋友	140
风水大师和行为艺术家	142
看尽千帆过,笑眼万木春	145
顺境不飘	148

王羲之的书法是怎样练成的	152
性格和时势	155
看人不可貌相	158
神僧来得正是时候	161
身残不打紧,心残太可怕	165
薛仁贵"贵"在有好妻	169
做官读书两相宜	172
天下莫能与之争	175
"崇敬"定力	179
出走半生,归来仍是少年	182
当今颜回在何方	185

古文今观

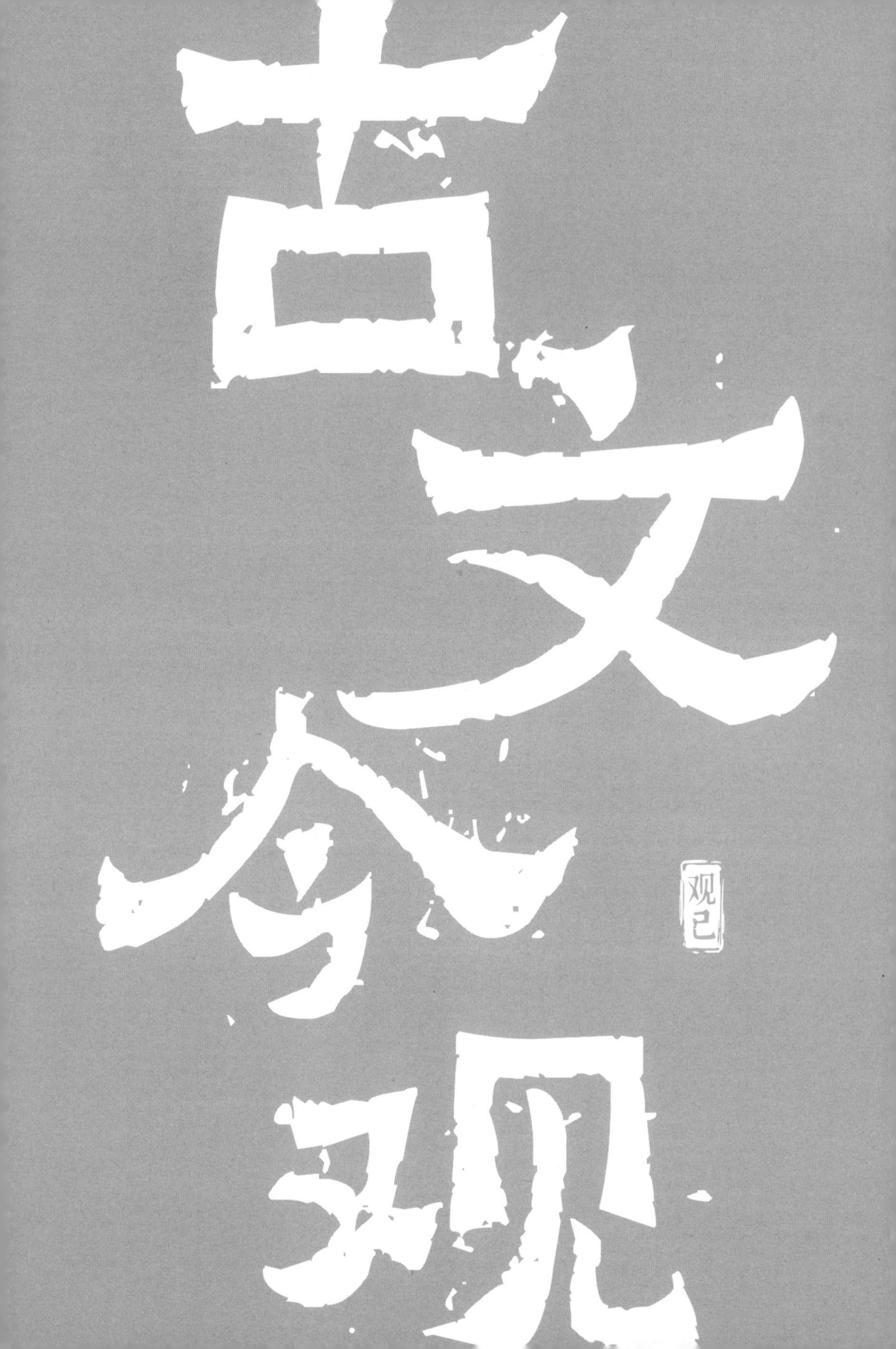

半瓶子醋者是一种天性使然

半瓶子醋可以晃荡，也总会晃荡，这应该是一种天性。这样的人，坐不住冷板凳，下功夫不扎实，书读得也不多，但喜欢和别人高谈阔论，以证明其高明，却不知自己说话容易荒腔走板、不着边际。这样的人，一辈子做事放得都开，但总也收不回来，很难落地。这样的人，在陌生人和年轻人面前，有一定的欺骗性，但在知根知底的熟人和同事面前彻底没戏。这样的人，其实心不坏，只是有点缺心眼，场景感比较差，成熟度比较低。

读书做学问是有境界的。王国维在《人间词话》说："古今之成大事业、大学问者，必经过三种之境界：'昨夜西风凋碧树，独上高楼，望尽天涯路。'此第一境也。'衣带渐宽终不悔，为伊消得人憔悴。'此第二境也。'众里寻他千百度，蓦然回首，那人却在灯火阑珊处。'此第三境也。"王国维之境界说与古人治学讲究"厚积薄发"是相通的，"独上高楼，望尽天涯路"，就是要博览群书，功夫无尽；读书还要勤于思考、体会和觉悟，终显"衣带渐宽终不悔，为伊消得人憔悴"；最终要返璞归真，体悟自然的规律，初心却在灯火阑珊处。

古人具有通达的读书观。《论语》中，子夏曰："日知其所亡，月无忘其所能，可谓好学也已矣。"子夏的意思是学习要靠日积月累，每天知道一点以前不知道的知识，每个月不要忘掉已经学会了的知识，这才是好学的样子。好学不是你三更灯火五更鸡，一副拼命突击做功课的样子，而是你日日求新，月月温故，矢志不移，持之以恒，这才是认真读书正确的路径。

"吾生也有涯，而知也无涯。"面对无涯之知，半瓶子醋来回晃荡，如同前行的空空的马车，其发出的尽是噪音啊！

"迷之自信"的孟子

孟子在他那个时代,应该是看清了大势,他对如同棋局的天下了然于胸。孟子超前地提出了"民贵君轻"的思想,梁惠王、齐宣王等,这些泛泛之王是无法真正领会孟子的思想的。其实孟子内心深处也有一种天赋般的思想自信。

《孟子·公孙丑下》篇中有段关于孟子的文字值得细细品味。

孟子去齐,充虞路问曰:"夫子若有不豫色然。前日虞闻诸夫子曰:'君子不怨天,不尤人。'"

曰:"彼一时,此一时也。五百年必有王者兴,其间必有

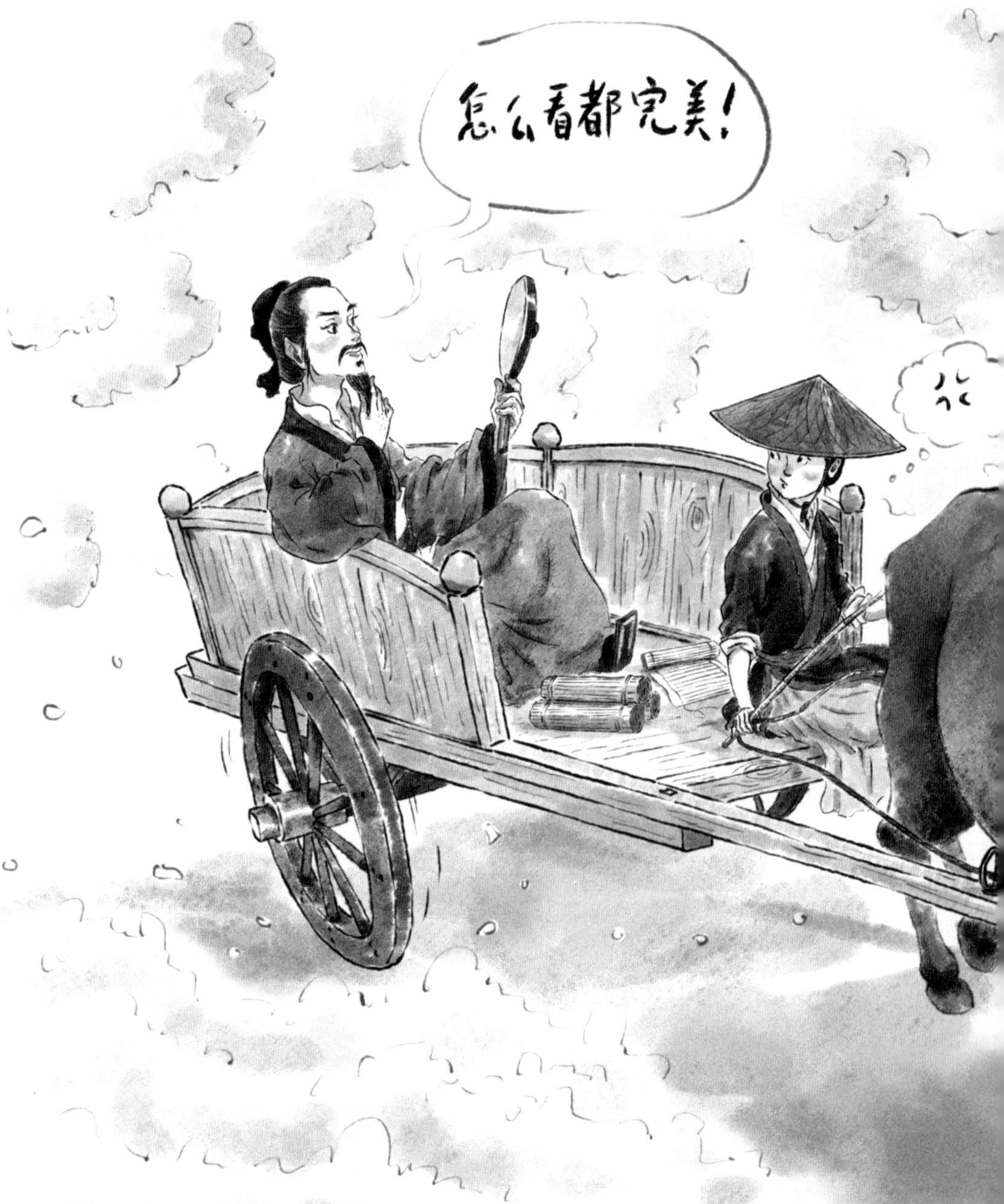
怎么看都完美！

名世者。由周而来，七百有余岁矣，以其数，则过矣。以其时考之，则可矣。夫天未欲平治天下也；如欲平治天下，当今之世，舍我其谁也！吾何为不豫哉？"

这段文字中有两个成语,"彼一时,此一时"和"舍我其谁",更有名言"五百年必有王者兴"。孟子说从周朝建立到现在,已经有七百多年了,那即将诞生的名世者舍我其谁呢!这是多么傲人的自信!但他不是莫名其妙、毫无逻辑的自我感觉良好,而是以他的思想逻辑审度天下大势后的自信。当然,孟子的心态确实"傲矜",有藐视一切感,这大概就是孟子的思想的超前与伟大之处。

孟子比孔子"傲矜",但他的人生境况也好不到哪里去。作为孔子嫡孙孔伋即子思的再传弟子,孟子学成以后以士的身份游说诸侯,希望推行自己的政治主张,为此游历过梁(魏)国、齐国、宋国、滕国、鲁国。当时几个大国致力于富国强兵,都想通过武力手段一统天下,而孟子则在继承孔子"仁"的思想基础上,发展成为自己的"仁政"思想,即"法先王,行仁政"。各方诸侯分庭抗礼,各自有"梦",当时是没有谁真心实意来采纳孟子的主张的。这也就是孟子怀才不遇、无法实现其抱负的大环境。热脸对着冷屁股,一腔抱负不能酬,太可惜了!但"亚圣"之名号在华夏千年文化长卷中唯我独尊,一个充满浩然正气、悲悯世人的大师形象光彩炫目,一代超前的"民贵君轻"的民本思想如同一束巨光照亮了整个历史的天空。

古代的庄姜与当代的网红大大不同

历史上从不缺乏美女,向以"沉鱼落雁之容、闭月羞花之貌"为美谈。时至今日,女人皆可为美女,整容使然,网红烂然。今人之美无所谓成色,美在表象与虚荣里。古人之美令人颂之思之,美在诗文和历史中。

庄姜是春秋时齐国公主,嫁于卫庄公。"硕人其颀"的庄姜被认为是春秋第一美人。《诗经·卫风·硕人》是这样描写庄姜的:"手如柔荑,肤如凝脂,领如蝤蛴,齿如瓠犀,螓首蛾眉,巧笑倩兮,美目盼兮。"这些描写几乎开创了文学的先河,将汉字的独特韵味发挥得更加充分。"一双纤手柔如茅草的嫩芽,又白又嫩;肌肤似凝脂般细腻白皙;脖子像幼虫般娇嫩柔软；牙齿细白整齐像瓜子；额头饱满，眉毛细长；盈盈笑时好醉人，美目顾盼真传神。"

这首赞美诗可谓汉语中描写美女的开山之作，也是标杆之作。清人姚际恒称"千古颂美人者，无出其右，是为绝唱"，其后描述美女的作品，几乎都逃不出此诗定下的窠臼！由此，历代美人也都逃不脱庄姜的影子，《洛神赋》里的甄洛、《长恨歌》里的杨贵妃也是如此。庄姜就是美女的化身和代名词。庄姜就是那个时代的"白富美"的代表人物。

庄姜是侯门之女，因为出身高贵，嫁的也是国君，所以出嫁时风光无限，但因婚后无子倍受冷落，生活并不快乐。卫庄公后来娶了陈国之女厉妫及其妹戴妫。卫庄公脾气暴戾，对庄姜非常冷漠。在一个个漫长的夜里，美丽的庄姜身处冷宫，孤灯长明。不过，庄姜也因此而成了中国历史上第一位女诗人（朱熹语）。朱熹认为《诗经·邶风》中的开篇五首诗都是庄姜所作，最无异议的当是庄姜写下的千古名篇——《燕燕》：

"燕燕于飞，差池其羽。之子于归，远送于野。瞻望弗及，泣涕如雨。

"燕燕于飞，颉之颃之。之子于归，远于将之。瞻望弗及，伫立以泣。

"燕燕于飞，下上其音。之子于归，远送于南。瞻望弗及，实劳我心。

"仲氏任只，其心塞渊。终温且惠，淑慎其身。先君之思，以勖寡人。"

燕子飞翔天上，参差舒展翅膀。姑娘今日远嫁，相送郊野路旁。瞻望不见人影，泪流纷如雨降。

燕子飞翔天上，身姿忽下忽上。姑娘今日远嫁，相送不嫌路长。瞻望不见人影，伫立满面泪淌。

燕子飞翔天上，鸣音呢喃低昂。姑娘今日远嫁，相送远去南方。瞻望不见人影，实在痛心悲伤。

仲氏诚信稳当，思虑切实深长。温和而又恭顺，为人谨慎善良。常常想着父王，叮咛响我耳旁。

这首流传了约3000年的诗作被评价为"万古送别诗之祖"（王士祯语），"可泣鬼神"（许彦周语）。在深宫中，在黑黑的孤夜里，庄姜将自己的悲忧化作最哀美的诗文，为《诗经》平添了一抹异彩纷呈的光辉。

庄姜的美，被称为蝴蝶标本式的美、蜡像式的美，而不是徒有其表的虚美。庄姜的美,不仅在于形表,更在于贤惠善良和才华横溢,这便成了大美之美。庄姜,当是中国历史上所有绝色美女中的一个标志性人物,尽管她一生悲凉,但她用才华和贤德赋予了美真正的内涵,在悠悠历史长河中已然成为千古绝唱。

古代的庄姜与当代的网红大大不同

夏虫不可以语冰

人必须学会与自己和解。唯有与自己的执念和心态和解，人才能与这个自己难以改变的世界和解。与自己和解，就是放过自己内心的愤懑之念和好胜之心，放过周围所有不顺眼的"东西"和"南北"，说好听点是与之和平相处，说不好听点就是视之无关紧要。

所谓夏虫不可以语冰，这正是古人留给我们的大智慧。《庄子集释》卷六下《外篇·秋水》北海若曰："井蛙不可以语于海者，拘于虚也；夏虫不可以语于冰者，笃于时也；曲士不可以语于道者，束于教也。今尔出于崖涘，观于大海，乃知尔丑，尔将可与语大理矣。"渤海神若说：对井里的蛙不可与它谈论关于海的事情，是由于它的眼界受着狭小居处的局限；对夏天生死的虫子不可与它谈论关于冰雪的事情，是由于它的眼界受着时令的制约；对见识浅陋的人不可与他谈论关于大道理的问题，是由于他的眼界受着所受教育的束缚。如今你从河岸流出来，看到大海后，才知道你的浅陋，这就可以与你谈论大道理了。

井蛙、夏虫、曲士，这三类是同等水准的生命体，共同特征就是浅陋和狭隘，即一个个受拘、受束，你要与他们置气，你便败也。然而，在生命的历程中，你难免会遇见不一而足的

井蛙、夏虫和曲士，倘若不放过他们，你就会失去快乐，失去从容的心态，失去懂得更多大道理的机会。因此，当务之急是自己先走出狭隘，即"出于崖涘，观于大海，乃知尔丑"。每个人都是从狭隘处走来的，有的人能够走向宽广和高远，以有涯之生追无涯之知，有的人却始终停留在狭隘和愚昧处踟蹰，年年岁岁花相似，岁岁年年人也同。

躺平不是真正的逍遥游

"躺平"成了当今网络的流行词，意指无论对方做出什么反应，内心都毫无波澜，不予任何反应，更不会反抗，一味地顺从。在有的语境中还表示为不再热血沸腾、渴求成功了。据说，年轻人选择躺平，就是选择走向边缘，选择超脱于加班、升职、挣钱、买房的主流路径之外，用自己的方式消解外在环境对个体的规训。细想起来，"躺平"这样的人生哲学，在物质匮乏的年代是不敢想象的，恐怕躺平一天就得挨饿。在物质相对充盈的当下，相当一部分人尤其是年轻人，更多是因为父辈的积累才有了这样的条件。这种现象与无欲无求、不悲不喜的超脱是截然不同的。

他卷他的,

咱们可别被影响了心态

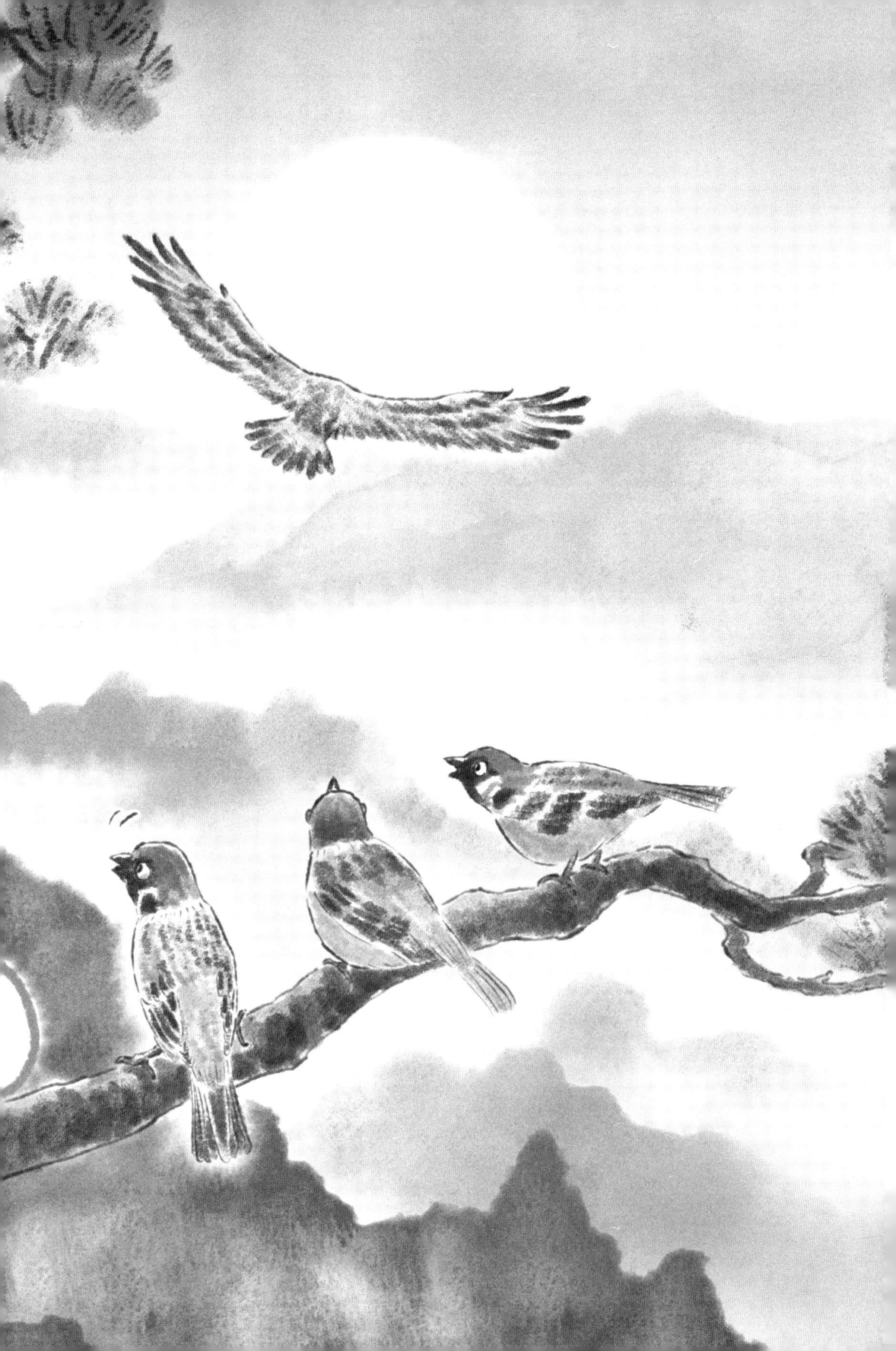

《庄子·逍遥游》中有一段寓言，说的是蝉与学鸠不理解大鹏高飞的行为。蜩与学鸠笑之曰："我决起而飞，抢榆枋而止，时则不至而控于地而已矣，奚以之九万里而南为？"适莽苍者，三餐而反，腹犹果然；适百里者，宿舂粮；适千里者，三月聚粮。之二虫又何知！蝉与小灰雀这两只小动物说："我们尽全力而飞，碰到榆树和檀树就停下来，有时候飞不上去而投落地面就是了，何必要飞九万里而往南海去呢？"庄子却说：到郊野去的，只带三餐粮食而当天回来，肚子还饱饱的；到百里之外去，晚上就要准备一宿的干粮；到千里之外去，就需要预备三个月的粮食。蝉和灰雀这两个小东西哪里懂得这些道理呢！

蝉和灰雀不是躺平，也不是无欲无求。不飞百里千里之外，更谈不上飞九万里，而是顺其自然，能飞多远就多远，对振翅高飞的大鹏表示完全不解。主张逍遥游的庄子似乎更赞成大鹏的行为，能够飞得高远去看别有洞天的世界，而蝉和灰雀偏安一隅，不思进取，属于二虫之为。我们都知道，庄子因崇尚自由而不应楚威王之聘，仅仅担任过宋国地方的漆园吏，史称"漆园傲吏"。庄子不循世俗，主张超脱，但不是简单躺平，而是立意高远，追求精神上的天人合一，做明道者去享受从必然王国走向自由王国后的最高精神境界。在庄子看来，蝉与灰雀就是一般世俗的人，由于他们视野狭窄，知识有限，是不可能了解明道者的精神境界的。而现在的年轻人，视野窄吗？知识少吗？少年当有少年气，应有高远之追求。人生横竖都是一辈子，与其"躺平"无所事事"等靠要"，不如奋起"抢逼围"，去实现人生真正的逍遥游！欲穷千里非凡目，无限风光在险峰。

通透地活着

历数古之圣贤若论通透旷达,庄子当数一二。

《庄子·逍遥游》有段论述"小知不及大知,小年不及大年"思想的文字,充分表达了庄子对所谓的人生智慧和人寿长短的不凡见解。"小知不及大知,小年不及大年。奚以知其然也?朝菌不知晦朔,蟪蛄不知春秋,此小年也。楚之南有冥灵者,以五百岁为春,五百岁为秋;上古有大椿者,以八千岁为春,八千岁为秋,此大年也。而彭祖乃今以久特闻,众人匹之,不亦悲乎!"这段话的意思很简单,但常人往往难以领悟。小智慧不能比匹大智慧,寿命短的不能比匹寿命长的。为什么这样说呢?朝生暮死的虫子不知道一个月的时光有多长,夏生秋死的寒蝉不知道一年的时光有多长，这就是小年。楚国的南边有一只灵龟，以五百年为春，五百年为秋；上古有一种叫大椿的树，以八千年为春，八千年为秋，这就是大年。八百岁的彭祖是一直以来所传闻的寿星，人们若是和他比寿命，岂不可悲吗？

人活着，就怕比较。有比较就有烦恼。在庄子看来，要比较就比较个明白，比较个通透。道生一、一生二、二生三、三生万物，多姿多彩，丰富生动，这才是生命之气象、自然之法则。生命体之间的差别，人与人之间的不同，是一种永恒的

客观存在，彼此间大点小点、多点少点、长点短点，丝毫不值得作惊诧莫名状，当任其不同和自然，存在就合理，道法全自然。

随心所欲，更要顺从自然和规律，适应就是王道，无为才能有为，这才是一切快乐的前提。明白地看着，明智地干着，通透地活着，能看多少看多少，能干多好干多好，能活多久活多久。任尔东南西北风，人生通透修成"精"！

可、不可、无可无不可

《庄子·齐物论》中讲述了个小故事：有一个养猴子的人，喂猴子吃栗子，他对这群猴子说："早上给你们三升，晚上给你们四升，即朝三暮四。"猴子听了很生气。养猴的人又说："那么早上给你们四升，而晚上给你们三升。"这些猴子听了都变得高兴了。名和实都没有改变，而猴子的喜怒却因而不同，这是猴子主观的心理作用罢了。圣人不执着于是非的争论，而依顺自然均衡之理，这就叫作"两行"。

在客观世界里，有的人的认知水平或许比这群猴子高不了多少。他们执着于是非或当下，无法参透对立双方并行不悖的道理。个体与个体之间，彼此有限制，各自有论点，因此两方应当互相容忍。这就是庄子所谓的"两行"之说。在这个无穷的客观世界里，每一个理论都有它独特的角度和存在的理由，所谓和而不同，事有"两行"。

万事万物，是有是因，非有非缘；没有绝对，只有相对。正和邪，丑与美，一切事物如果从道的角度来看都可通而为一。万事有所分，必有所成；有所成，必有所毁；一切事物都会复归于一个整体。"可"与"不可"是两个极端的概念，把两个概念看作三个概念，就可以看出"无可无不可"。

我们每天都有可能遇见朝三暮四或者朝四暮三的事情，但是我们需要谨记，我们要始终积极地从对立的两面寻找到第三面，任何问题都至少有三种解决办法。我们对任

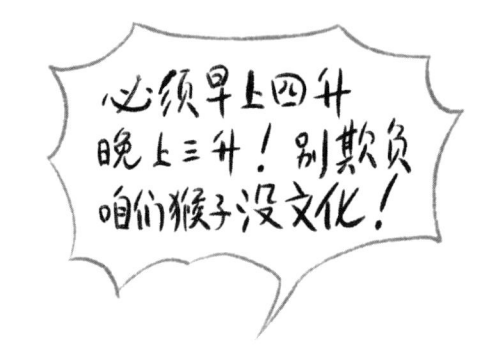

何事物都可以进行正反的辩证分析,但分析之后我们必须进行"综合分析",这也许就是合和共赢吧。

相濡以沫，不如相忘于江湖

庄子留给芸芸众生不同凡响的精神空间，我们很难完全消化吸收他老人家思想之精髓。比如"相濡以沫，不如相忘于江湖"这句话，我们大多能够理解前半句，也能够理解后半句，但往往不能够完整地理解这整句话真正的意义。

这句话出自《庄子·大宗师》篇第二章，原文如下：死生，命也，其有夜旦之常，天也。人之有所不得与，皆物之情也。彼特以天为父，而身犹爱之，而况其卓乎！人特以有君为愈乎己，而身犹死之，而况其真乎！泉涸，鱼相与处于陆，相呴以湿，相濡以沫，不如相忘于江湖。与其誉尧而非桀也，不如两忘而化其道。

人的死生是必然而不可避免的，就像永远有黑夜和白天一般，是自然的规律。许多事情是人力所不能干预的，这都是物理的实情。人们认为天是生命之父，而终身敬爱它，何况那独立超绝的道呢？人们认为君主的势位超过自己，而舍身效忠，何况那独立超绝的道呢？泉水干了，鱼就一同困在陆地上，用湿气互相嘘吸，用口沫互相湿润，倒不如在江湖里彼此相忘。与其赞美尧而非议桀，不如忘却两者的是是非非而融化于大道。

在庄子眼里，死生、昼夜这些都是自然规律，背后都是天道，人力很难有所作为。两条鱼儿在泉水干涸的池塘中互相哈气湿润对方，用口中仅有的一点唾沫泡泡吹向对方，使对方苟延残喘。这样的情景也许令人感动，但是，这样的生存环境是无奈的。对于鱼儿而言，最惬意的场景是大水终于漫上来，两条鱼又回到属于它们自己的天地，在最适宜的江湖里快乐地畅游，最后它们皆相忘于江湖。

可见，"相濡以沫"是一种高尚的道德境界，"相忘于江湖"则是一种高远的自然境界，孰高孰低难有定论。从我们的理解来看，也许前者更值得推崇，但在庄子看来，江湖里的自由自在不是更快乐吗？至于相忘不相忘，最后的是是非非都要

"化其道"，世俗永远是世俗，天道永远是天道，世俗本身就是个江湖，我们要先理解这个江湖，再适应这个江湖，然后离开这个江湖，最终畅游于真正的江湖。

相濡以沫，不如相忘于江湖

鸿蒙是何方神圣

某日，我的手机自动更新成了鸿蒙操作系统。几乎同时，手机屏幕左边突然出现了绿色闪屏现象。无奈去维修点解困，竟免费给换了新屏，原来机子还处于保修期内。这是意料之外的福利了。惊喜之余，对鸿蒙平添了几分好感。

夜读《庄子·在宥》篇，竟与鸿蒙再次不期而遇："云将东游，过扶摇之枝而适遭鸿蒙。鸿蒙方将拊脾雀跃而游。云将见之，倘然止，贽然立，曰：'叟何人邪？叟何为此？'鸿蒙拊脾雀跃不辍，对云曰：'游！'云将曰：'朕愿有问也。'鸿蒙仰而视云将曰：'吁！'云将曰：'天气不和，地气郁结，六气不调，四时不节。今我愿合六气之精以育群生，为之奈何？"鸿蒙拊脾雀跃掉头曰："吾弗知！吾弗知！"云将不得问。又三年，东游，过有宋之野，而适遭鸿蒙。云将大喜，行趋而进曰："天忘朕邪？天忘朕邪？"再拜稽首，愿闻于鸿蒙。鸿蒙曰："浮游，不知所求，猖狂，不知所往；游者鞅掌，以观无妄。朕又何知！"

这个云将何许人也？云之主将也。鸿蒙又是何许人也？自然之元气也。他俩三年内两次相遇，一番对话别有深意。说的是云将到东方游玩，恰好遇见了鸿蒙。鸿蒙正拍着大腿像雀儿一样跳跃游乐。云将见鸿蒙那般模样，惊疑地停下来，恭敬地站着，说："老先生是谁呀？老先生为什么这般动作？"鸿蒙拍着大腿不停地跳跃，对云将说："自在地游乐！"云将说："我想向你请教。"鸿蒙抬起头来看了看云将道："啊！"云将说："天上之气不和谐，地上之气郁结了，阴、阳、风、雨、晦、明六气不调和，春夏秋冬四时变化不合节令。如今我希望调谐六气之精华来养育众生灵，对此将怎么办？"鸿蒙拍着大腿掉过头去，说："我不知道！我不知道！"云将得不到回答。过了三年，云将又遇到了鸿蒙，叩头至地，希望听到鸿蒙的指教。鸿蒙说："悠游自在，无所贪求；随心所欲，无所不适；游心在纷纭的现象中，来观看万物的真相。此外我知道什么！"

这是飞一样的
这是自由

鸿蒙是何方神圣

哈哈，鸿蒙是个自由自在的家伙，游心之处宽大，涉见之物众多，能观之智，知所观之境无妄也。鸿蒙主张自然无为，游心自在，不与万物争锋，不与世界较劲。在他眼里，所有人为的折腾都是无谓的，六气自有六气之道，四时自有四时之理，何必反其道而行之呢？

不知手机之于"鸿蒙"又是怎样的一番用意呢？我们或许从上面能窥一斑。

河神前面有海神

古代的许多先哲是主张终身学习的。孔子推崇"学而不厌,诲人不倦",庄子更是强调人要突破自我中心之心境,天下之美无尽矣,要有舒展思想的视野,心胸也为之而开阔,以开敞的心灵观照万物。《庄子·秋水》篇便有这样一段寓意深刻的文字。

秋水时至,百川灌河。泾流之大,两涘渚崖之间,不辩牛马。于是焉河伯欣然自喜,以天下之美为尽在己。顺流而东行,至于北海。东面而视,不见水端。于是焉河伯始旋其面目,望洋向若而叹曰:"野语有之曰:'闻道百,以为莫己若者,'我之谓也。且夫我尝闻少仲尼之闻,而轻伯夷之义者,

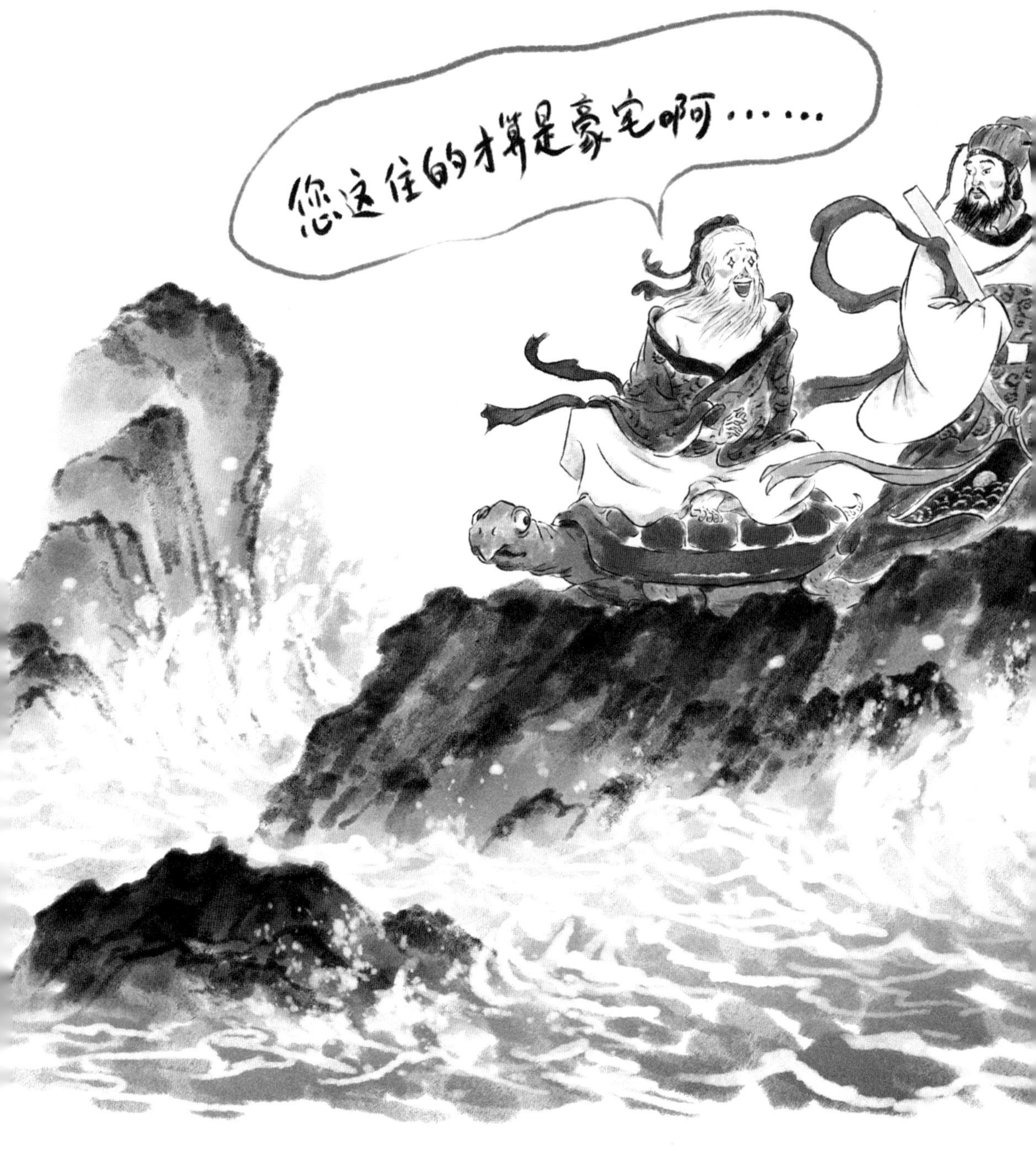
您这住的才算是豪宅啊……

始吾弗信,今吾睹子之难穷也,吾非至于子之门,则殆矣,吾长见笑于大方之家。"意思是:秋天霖雨绵绵,河水及时上涨,众多小川的水流汇入黄河,河面宽阔波涛汹涌,两岸和水中沙洲之间连牛和马都不能分辨。因此河神扬扬自得,以为天下的盛美全都聚集在自己这里。河神顺着水流向东行走,来到北海边,面朝东边一望,看不见水的边际。因此河神才改变先前洋洋自得的颜色,面对着海神仰首慨叹道:"俗语说,听到了许多条道理,便认为天下谁都不如自己,说的就是我这样的人了。我曾听说有人小看孔子的见闻和轻视伯夷的义行,起初我不敢相信;如今我亲眼看到了你是这样的浩淼博大而无边无际,我要不是因为来到你这里,真可就危险了,我必定会永远受到懂得大道的人所耻笑。"

河神领悟得很快,认识到自己之前的局限性。海神随后的回答也很有意义,所谓"井蛙不可以语于海者,拘于虚也;

夏虫不可以语于冰者，笃于时也；曲士不可以语于道者，束于教也。"与井里的青蛙，不可能跟它们谈论大海，是因为受到生活空间的限制；与夏天的虫子聊天，不可能跟它们谈论冰冻，是因为受到生活时间的限制；与鄙陋无知的人聊天，不可能跟他们谈论大道理，是因为受到教养的束缚。当然，如今你河神从河岸边出来，看到了大海，方才知道自己的鄙陋，你将可以参与谈论大道了。

"朝闻道，夕死可矣。"但闻道无论多少，都不能自满，以为天下就这么多道了。"道可道，非常道。"知道不等于"闻"道，闻道不是目的，实践才是硬道理。闻道无止境，学后知不足，河神前面有海神，海神前面还有"神"。

魏武侯会笑了

读《庄子·徐无鬼》篇，发觉徐无鬼这个虚拟的魏国隐士，仿佛看穿了大千世界之现象与本质。什么耆欲与好恶，一切都是无足轻重的。

徐无鬼因女商见魏武侯，武侯劳之曰："先生病矣！苦于山林之劳，故乃肯见于寡人。"徐无鬼曰："我则劳于君，君有何劳于我！君将盈耆欲，长好恶，则性命之情病矣；君将黜耆欲，掔好恶，则耳目病矣。我将劳君，君有何劳于我！"武侯超然不对。

少焉，徐无鬼曰："尝语君，吾相狗也。下之质执饱而止，是狸德也；中之质若视日；上之质若亡其一。吾相狗，又不若吾相马也,吾相马,直者中绳,曲者中钩,方者中矩,圆者中规,是国马也,而未若天下马也。天下马有成材,若恤若失,若丧其一。若是者,超轶绝尘,不知其所。"武候大悦而笑。

魏国隐士徐无鬼因着女商的推荐去见魏武侯。武侯慰问他说:"先生一定是很疲惫了,苦于山林的劳累,所以才肯来见寡人。"徐无鬼说:"我是来慰问你的,你有什么慰问我的呢。你是放纵嗜欲,增加喜好和憎恶,实质上性命就要受损了;你

要是摒弃嗜欲，减少喜好和憎恶，耳目的享受就会困顿乏厄。我正要来慰问你，你有什么要来慰问我呢！"武侯听了，怅然若失，不能回答。

一会儿，徐无鬼又说："让我来告诉你，我的相狗术吧。

品质下等的狗，饱食而止，这也就是说，这是猫儿般的能力；中等品质的狗，意气高远；上等品质的狗，则一心向外，好像忘掉了它自身的存在。我相狗，又比不上我相马的本事。我相马，只要发现马步奔跑，直的合于绳，曲的合于钩，方的合于矩，圆的合于规，这是国马，只是还比不上天下马。天下马具有天生的材质，其神态有似安谧又如奔逸，好像是忘记了自身。像这样的马，奔逸绝尘，不知所终。"魏武侯高兴得哈哈大笑，像个孩子一样充满快乐。

魏国的大臣百思不得其解，便向欲离去的徐无鬼请教魏武侯笑逐颜开的原因。因为他们知道魏武侯要风得风、要雨得雨，以一人对万人，但从来没有这么开心过，他不苟言笑，甚至都没有漏出过牙齿。说白了，这些部下不知道自己的老大还会笑。

徐无鬼告诉众人，自己只是讲了讲"相狗"和"相马"这种普通的民间生活小窍门，这些是魏武侯没有听过的趣事和技术。魏武侯株守在自己的圈子里，哪里见过这等世面呢？

魏武侯会心地笑了，他一时卸掉了所有的包袱和压力，他此时只是一个单纯、普通和快乐的人。但是，魏武侯能够一直这样随心畅快地笑吗？

点亮自己的灯

读到了《史记·孔子世家》篇,再次为孔子不凡的人生感怀。他老人家是个地道的理想主义者,在一个礼崩乐坏的年代,他为自己主张的仁义礼智信奔走呼喊,一生汲汲,遗风千秋。我们一生也许遇不上几个真正的理想主义者。

司马迁记载:孔子出生在鲁国昌平乡陬邑。他的祖先是宋国人,名叫孔防叔。孔防叔生下伯夏,伯夏生下叔梁纥。叔梁纥和颜氏的女儿不依礼制结合生下孔子,他们向尼丘进行祈祷而得到孔子。鲁襄公二十二年孔子出生,孔子生下来头顶中间凹陷,所以就取名叫丘,取字为仲尼。

司马迁相信孔子与老子见过面,这似乎也是一个文化迷局。两位圣人若是相会，场景自然无比光辉。

鲁人南宫敬叔对鲁昭公说："请您允许孔子前往周京洛邑。"于是，鲁昭公给他们一辆车、两匹马，还有一名童仆同行，前往周京洛邑询问周礼，据说见到了老子。

孔子告辞离去时，老子送他说："我听说富贵之人用财物来送人，仁义之人用言语来送人。我不能富贵，只好盗用仁人的名义，用言语来送你，这几句话是：'聪慧明白洞察一切反而濒临死亡，是因为喜好议论他人的缘故。博洽善辩宽广弘大反而危及其身，是因为抉发别人丑恶的缘故。做人儿子的就不要有自己，做人臣子的就不要有自己。'"

孔子从周京洛邑返回鲁国，投到他门下的弟子逐渐增多。

孔子享年七十三岁，是鲁哀公十六年四月己丑这天去世的。

哀公为孔子写了一篇悼文说："上天不仁慈，不肯留下一位老人，让他抛弃了我，我一人在位，孤零零地忧思悲痛。啊，令人哀伤！尼父，不再自我拘束于礼法了！"子贡说："君主大概不会终老在鲁国吧！老师说过这样的话：'礼法失去就要昏乱，名分失去就要出现过失。失去志向就是昏乱，失去所宜就是过错。'您在生前未能使他得到重用，死后前来哀悼，不符合礼法。作为诸侯，妄用天子的称呼，说'余一人'，早就不符合名分。"

太史公曰：诗有之："高山仰止，景行行止。"虽不能至，然心向往之。余读孔氏书，想见其为人。适鲁，观仲尼庙堂车服礼器，诸生以时习礼其家，余祗回留之不能去云。

天下君王至于贤人众矣，当时则荣，没则已焉。孔子布衣，传十馀世，学者宗之。自天子王侯，中国言六艺者折中于夫子，可谓至圣矣！

太史公说：《诗经》有这样的话："巍峨的高山令人仰望，宽阔的大路让人行走。"尽管我不能回到孔子的时代，然而内心非常向往。我阅读孔氏的书籍，可以想见到他的为人。去到鲁地，观看仲尼的宗庙厅堂、车辆服装、礼乐器物，儒生们按时在孔子故居演习礼仪，我流连忘返以至留在那里无法离去。

孔子心怀天下，他"推己及人"，就是想让社会有秩序，让生活更有条理和美好。这是孔子一生理想化的追求。孔子从平民，到圣人，岁月弥久，愈见其光芒。孔子的理想，一代又一代人实现着，也探索着，从这一点上来讲，孔子的理想已经实现了。

是的，虽不能至，心向往之。我们无法选择自己，也无法选择时代，但我们能够选择理想，勿让庸俗与利禄拖累自己，要在人生的道路上点亮属于自己的那盏灯。

西汉时陈平也是"神"一样的存在

读《史记·陈丞相世家》篇，更加实锤陈平是一个俊美的奇才。沛公刘邦着实不简单啊，他的身边能人咸集啊！天下不归刘邦真是行不通啊！刘邦构筑了人才的"洼地"，离成功当然不远了。

再说陈平，少年时家境贫穷，但好读书，有田地三十亩，独自和哥哥陈伯一起生活。陈伯常年在家种田，听任陈平外出游学。陈平年轻时不关心谋生之业，差点连老婆都娶不上。后来，被一个叫张负的人看上，将孙女嫁给了陈平，算是摆脱了困境。张负说："人难道会有像陈平这样俊美出众而总是贫穷卑贱的吗？"陈平尽管负有盗嫂受金的流言，但不影响他什么。

司马迁记载：里中祭祀社神，陈平当主持人，分配祭肉分得很公平。父老乡亲们说："好啊，陈平这孩子主持分肉公平！"陈平说："唉，如果让我能有机会治理天下，也就会像分这祭肉一样的了！"

有远大志向的陈平历尽曲折还是投奔了刘邦，并立下了诸多奇功。尤其是出计摆平了齐王韩信，这令刘邦对陈平信任有加。吕后亡，陈平又与太尉周勃设谋把吕姓诸王除掉，拥立孝文皇帝，还了汉天下。

陈平的聪明才智让人佩服。孝文帝一次临朝时问右丞相周勃："全国一年判决多少案件？"周勃不知道。又问："全国一年钱谷收入支出多少？"周勃又推辞说不知。周勃汗流浃背，对自己不能答而感到羞愧。于是皇帝又问左丞相陈平。陈平答道："各有主管的人。"上又问："主管的人是谁？"答道："陛下如果问判决案件，可责成廷尉回答；问钱谷出入，可责成治粟内史回答。"

文帝又问："如果各有主管者，那么你主管的是什么事呢？"陈平回答说："惶恐得很！陛下不知道我能力低下，让我担任丞相。丞相的职责，对上辅佐天子调理阴阳，顺应四时；对下抚育万物，使各得其宜；对外镇抚四方各族和诸侯；对内使百姓亲附，使各级官员都能胜任其职。"孝文帝称赞他回答得好。

右丞相周勃大感惭愧，下朝出来责备陈平说："你偏偏平素不肯把这些答对的话教给我！"陈平笑着说："你身居其位，还不知其职责吗？再说，陛下如果问起长安城中有多少盗贼，你也打算勉强回答吗？"周勃自知不如陈平很多，不久便托病辞职，由陈平一人专任丞相。

太史公曰：陈丞相平少时，本好黄帝、老子之术。方其割肉俎上之时，其意固已远矣。倾侧扰攘楚魏之间，卒归高帝。常出奇计，救纷纠之难，振国家之患。及吕后时，事多故矣，然平竟自脱，定宗庙，以荣名终，称贤相，岂不善始善终哉！非知谋孰能当此者乎？

上述大意为：陈平少年时，本来喜好黄帝、老子的学说。当他在砧板上割肉的时候，他的志向原本已经很远大了。后来在楚魏之间彷徨不定，最后归附高帝。他常出奇计，解救纷乱的灾难，消除国家的忧患。到吕后当政时，事情多变故，然而陈平竟能自免于祸，安定刘氏宗庙，以荣耀的声名终其一生，人称贤相，这岂不是做到善始善终了吗！若不是足智多谋，哪一个人能做到这点呢？

陈平一生，精于谋人，善于谋身。他善于处理矛盾和规避风险，他没有花拳绣腿，不坐而论道，而是标准的实用主义者。陈平能治己，也能治天下，尤其是他拿捏人性的水平简直无出其右者。正因为如此，陈平不仅助力刘邦多次化解危机，更是为汉家江山的传续立下汗马功劳。他的禀性和作为也让他能够善终，这在西汉初期一次次的"清洗"中，绝对是"神"一样的存在。

人生还是行好事

阴沉沉的不见阳光的日子，应该读点儿阳光些的内容，可是赶上了《史记·伯夷列传》，实在无法让人开心起来。

伯夷、叔齐是孤竹君的两个儿子。父亲想把王位传给叔齐，等父亲去世以后，叔齐要让位给伯夷。伯夷说："这是父亲的遗命啊！"于是便逃走了，叔齐不肯即位也逃走。国人只好立孤竹君的第二个儿子为王。伯夷、叔齐去投奔贤良的西伯昌，但到达那里时，西伯已去世了。

武王平定殷乱，天下宗周，而伯夷、叔齐因为以暴制暴而耻之，故义不食周粟，隐于首阳山，采薇而食之。及饿且死，作歌。其辞曰："登彼西山兮，采其薇矣。以暴易暴兮，不知其非矣。神农、虞、夏忽焉没兮，我安适归矣？于嗟徂兮，命之衰矣！"于是，这哥俩饿死在首阳山。

有人说：天道并不对谁特别偏爱，但通常是帮助善良人的。像伯夷、叔齐，总可以算得上是善良的人了吧！这样的好人竟然给饿死了！再说孔子的七十二位贤弟子这批人吧，仲尼特别赞扬颜渊好学。然而颜回常常为贫穷所困扰，连酒糟谷糠一类的食物都吃不饱，终于过早地离世了。

人生还是行好事

上天对于好人的报偿，究竟是怎样的呢？盗跖天天在屠杀无辜的人，割人肝，吃人肉，凶暴残忍，胡作非为，聚集党徒数千人，横行天下，竟然能够长寿而终。

有的人诚如孔子教诲的那样，居住的地方要精心选择；说话要待到合适的时机才启唇；走路只走大路，不抄小道；不是为了主持公正，就不表露愤懑，结果反倒遭遇灾祸。

司马迁对此也感到困惑，倘若这就是所谓的天道，那么这天道究竟是对还是错呢？

不论万事有没有因果与轮回，我们还是应尽人事，听天命，但行好事，莫问前尘和后事。不论伯夷、叔齐的"不幸"，还是盗跖的"大幸"，都不足以颠覆我们的人生信念：人为善，福虽未至，祸已远离；人为恶，祸虽未至，福已远离。

世人皆好孔方兄

今读《资治通鉴·晋纪五》，不禁为晋武帝司马炎感到可惜。在司马家族几代人的努力下，司马炎灭掉了东吴政权，统一了天下，成就了霸业。然而，生子不如孙仲谋，其子晋惠帝差之远矣，甚至有后人怀疑他是个痴呆皇帝，国家在晋惠帝治下一塌糊涂，甚至于留下了不少笑料典故。

帝为人戆騃，尝在华林园闻虾蟆，谓左右曰："此鸣者，为官乎，为私乎？"时天下荒馑，百姓饿死，帝闻之曰："何不食肉糜？"由是权在群下，政出多门，势位之家，更相荐托，有如互市。贾、郭恣横，货赂公行。

惠帝为人确实愚鲁痴呆，还问蛤蟆的叫唤，是为公事叫呢，还是为私事叫呢？据说有个随从反应较快，竟回答："在官地为官，在私地为私。"

"何不食肉糜"更是千古有名的荒腔走板了，百姓连饭都吃不上，怎么可能去吃肉粥呢？愚昧的帝王家竟不知民生之凄苦啊。

晋惠帝的大权被小人把控，政令出自许多部门而不能统一发布，有权势地位的人家互相推举，如同市场交易一般。贾氏、郭氏肆意妄为，官场上贿赂公然进行。有钱横行四方，一切都为钱所操控。

南阳人鲁褒曾作了一篇《钱神论》来讥讽这种现象："钱的形象，像天地一样有圆有方，人们亲它爱它如同兄弟，尊称它叫孔方。

当时，人可以没有美德而倍受尊崇，没有权势而炙手可热，出入官廷高门，可以转危为安，起死复生，也可以变尊贵为卑贱，置活人于死地。

愤怒争执时没有钱就不能取胜，冤屈困厄时没有钱就不能得救，冤家仇敌没有钱就不能解怨释仇，美好的声誉没有钱就不能传播。

古往今来，不爱孔方兄的人几乎没有，心里唯有孔方兄者大有人在。

金钱是一种能量，但它不是万能的。我们努力赚钱，为自己和家人创造更好的生活，是天经地义的。但是，心中唯有孔方兄，嗜钱如命，唯利是图，多半是焦虑、倦累、慌张、忐忑……神魂不宁、思想扭曲，以至东窗事发、身败名裂。

看看当今多少人深陷名利中苦苦钻营。鸟儿的翅膀一旦系上黄金，就再也不能翱翔；人的心中唯孔方兄为上，就再也不会健康。

华歆和铿锵玫瑰

中国女足与中国男足相比,往往散发出一种宝贵的气质,就是临危不惧,敢于搏杀,坚韧至终。

读《世说新语》,遇见了华歆,就是那个见地有片金而不专心的华歆。与王朗相比,华歆的气度也是不凡。

王朗每以识度推华歆。歆蜡日尝集子侄燕饮,王亦学之。有人向张华说此事,张曰:"王之学华,皆是形骸之外,去之所以更远。"

华歆、王朗俱乘船避难,有一人欲依附,歆辄难之。朗曰:"幸尚宽,何为不可?"后贼追至,王欲舍所携人。歆曰："本所以疑，正为此耳。既已纳其自托，宁可以急相弃邪？"遂携拯如初。世以此定华、王之优劣。

王朗常常推崇华歆的见识度量。华歆曾在年终祭祀百神的日子里，召集子侄一起宴饮，王朗也学着这样做。有人向张华说起这事，张华说："王朗学华歆，都是学外在皮毛的东西，因此他与华歆的距离反而更加远了。"

华歆和铿锵玫瑰　　065

华歆和王朗一起乘船逃难，有一个人要求搭船跟他们去，华歆就予以拒绝。王朗说："幸好船中地方还宽裕，为什么不让他搭船？"后来贼兵追来了，王朗就想丢下那个所带的人。华歆说："我本来所担心的就是这种局面。如今既然已经容纳了他，难道可以因为事态紧急就把他丢下吗？"于是便像当初那样仍携带着这个人。后来，世人就根据这件事来评定了华歆和王朗的优劣。

历史真实的情况暂且不论，单从上述文字不难看出，华歆落落大方，气定神闲，敢在重要的日子里燕（通"宴"）饮，又临危不惧，不弃所诺，将难事做到底。王朗只有学华歆的份了。

做人修身首先修气度，淡定坚韧，见招拆招。我们的女足姑娘们一贯练得苦，拼得也凶，是一个个"加强版"的华歆。这自然是还不如王朗的一群男足大老爷们所汗颜的。

一盘烤肉所换来的

《世说新语》中有一则顾荣施炙的故事非常有趣,也颇有深意。

顾荣在洛阳,尝应人请,觉行炙人有欲炙之色,因辍己施焉。同坐嗤之。荣曰:"岂有终日执之,而不知其味者乎?"后遭乱渡江,每经危急,常有一人左右己。问其所以,乃受炙人也。

顾荣在洛阳的时候,曾经应友人之邀赴宴,在宴席上发觉端送烤肉的人有想尝尝烤肉味道的神色,于是便停下不吃而把自己的一份烤肉送给他。同席的人都笑话顾荣。顾荣说:"哪有整天做烤肉而不知它滋味的人呢?"后来遭遇八王之乱南渡

古文今观：观己

一盘烤肉所换来的

长江，每次逢到危急时，常有一人帮助自己。顾荣问他这样做的缘故，原来他就是接受烤肉的那个人。

这个顾荣，是个见过世面的大人物，其家为江南大姓，祖父顾雍为吴丞相。顾荣在吴官黄门侍郎。吴亡，入洛阳，与陆机、陆云兄弟号为"三俊"。入晋，历官尚书郎、太子舍人、廷尉正等。因见晋皇族相互争斗，常纵酒不理事。八王之乱后还吴，琅邪王司马睿移镇建邺（建康，今南京），任命顾荣为安东军司，加散骑常侍，"凡所谋画，皆以谘焉"，成为拥护司马氏政权南渡的江南士族首脑。

一盘烤肉不算什么，但能舍己而满足他人尤其是下人的食欲就能算点什么了。人性无疑是自私的，但总有少数人能够超越庸常之理，克己助人，这样的人显然不是庸常之辈。

顾荣自然没有想到那个受炙人日后会帮到他，行善者终得善，助人者人助之。懂得与人分享，特别是与困者或暂时蜗居者分享，真的是一种人生的大智慧！

何时再有嵇康

今天读《世说新语》，遇见了嵇康与赵至这对忘年交，嵇康是"竹林七贤"的精神领袖，容貌与才华都是逆天的。赵至号称有口才，长相则没那么出众了。

嵇中散语赵景真："卿瞳子白黑分明，有白起之风，恨量小狭。"赵云："尺表能审玑衡之度，寸管能测往复之气。何必在大，但问识如何耳。"

中散大夫嵇康对赵景真说："你的眼睛黑白分明，有白起那样的风度，遗憾的是眼睛狭小些。"赵景真说："一尺长的表尺就能审定浑天仪的度数，一寸长的竹管就能测量出乐音的高低。何必在乎大不大呢，只问识见怎么样就是了。"

古文今观：观己

作为"竹林七贤"男子偶像天团里的人气王，压力可真不小！

这俩人可是忘年交,据嵇康儿子嵇绍的《赵至叙》载:年十四入太学观。时先君在学。写石经古文,事讫去。遂随车问先君姓名。先君曰:"年少何以问我?"至曰:"观君风器非常,姑问耳。"先君具告之。

这个赵至年纪轻轻,上去便问嵇康姓名,嵇康十分不悦,说你一个小孩子凭什么问我。赵至也十分了得,马屁拍得山响,说看先生你风度非凡,气宇出众,就想问问。嵇康便告之。

嵇康嫌赵至眼睛不大,那么他自己长得究竟有多帅呢?

《晋书》中曾这样描述嵇康:"身长七尺八寸,美词气,有风仪,而土木形骸,不自藻饰,人以为龙章凤姿,天质自然。"史书向来惜字如金,而《晋书》中却足足用了三十二字来形容嵇康的容貌,古往今来,唯此一人。

除却史书记载,嵇康的友人也毫不吝啬笔墨去夸赞嵇康的容貌,同为竹林七贤的山涛形容"嵇叔夜之为人也,岩岩若孤松之独立;其醉也,傀俄若玉山之将崩。"后来有人用"鹤立鸡群"来夸赞嵇康之子嵇绍,"嵇延祖卓卓如野鹤之在鸡群",竹林七贤中的另一人王戎只是淡淡回应:"君未见其父耳!"

嵇康最后的结局不怎么样，因钟会谗言而被司马昭下令处死。嵇康行刑当日，三千名太学生联名上书，集体请愿，请求朝廷赦免他，并要求让嵇康来太学任教，这些"大学生"的反馈并没有被采纳。行刑前，嵇康抚琴一曲《广陵散》，留下最后一句话：广陵散自此绝矣。

自此，人世间再也没有出现过这样一位才貌天纵、至情至性的男子。

这个酒鬼，由他去吧

《世说新语》这本书简约而有趣。

魏朝封晋文王为公，备礼九锡，文王固让不受。公卿将校当诣府敦喻，司空郑冲驰遣信就阮籍求文。籍时在袁孝尼家，宿醉扶起，书札为之，无所点定，乃写付使。时人以为神笔。

魏朝封晋文王司马昭为晋公，准备颁赐给他九锡之礼，司马昭坚决辞谢不肯接受。朝中文武百官将到他府中去劝导，司空郑冲急忙派信使到阮籍处求他写一篇劝进的文章。阮籍当时在袁孝尼家，隔夜酣饮的余醉尚未消退即被扶起身来，在木札上书写文稿，一字不改，写定交给来使。当时人都认为他是神来之笔。

何谓备礼九锡？九锡，古代帝王尊礼大臣所给的九种器物。汉末曹操掌朝政，汉献帝赐曹操九锡。后历代篡位者相袭沿用，成为建立新朝的前奏曲。九种礼物为车马、衣服、乐器、朱户、纳陛、虎贲、弓矢、鈇钺、秬鬯（chang，祭神用的酒）。

司马昭之心，路人皆知也。那他为何要辞谢九锡而不肯接受呢？应该就是为了避嫌。后来，司马昭的儿子司马炎一不做二不休，还不是将魏元帝废而代之。

真心佩服阮籍这位"竹林七贤"之一的真人，确实是不一般的存在，阮籍八岁就能写文章，终日弹琴长啸，在政治上曾有济世之志，登广武城，观楚、汉古战场，还慨叹："时无英雄，使竖子成名！"

至于喝酒这般大俗，阮籍也远胜吾辈。司马昭为了拉拢阮籍，想和他结为亲家。阮籍为了躲避这门亲事开始每天拼命喝酒，酩酊大醉，不醒人事，一连六十天，天天如此。那个奉命前来提亲的人根本就没法向他开口，最后，只好回禀司马昭，司马昭无可奈何地说："唉，算了，这个酒鬼，由他去吧！"

阮籍应该是醉酒示醉心，他对当时的朝政及带头"大哥"司马昭是了解的，他有自己的执念和选择。面对司马昭的主动示好，他是排斥的。或许通过他的醉相，我们能够听到他的醉语："这个世界，由它去吧"！

敬鬼神不如尽人事

今日读《世说新语》，巧遇了不信鬼神的阮修，有所启示。

阮宣子论鬼神有无者。或以人死有鬼，宣子独以为无，曰："今见鬼者云，著生时衣服，若人死有鬼，衣服复有鬼邪？"

阮修谈论鬼神有没有的问题，有人认为人死后有鬼，只有阮修认为没有："现在那些自称见到鬼的人，说鬼穿着生前的衣服，如果人死了有鬼，那衣服也有鬼吗？"

阮修何许人也？西晋名士又玄学家也。阮修好《易》

《老》，善于清言。个性简约任性，不修人事。绝不喜见俗人，遇便舍去。常步行，以百钱挂杖头，至酒店，便独酣畅。虽当世富贵而不肯顾，家无儋石之储，宴如也。与兄弟同志，常自得于林阜之间。

阮修很聪明啊！什么鬼还穿了他生前的衣服？人变成了鬼，那衣服怎么就没变呢？不得不佩服阮修的睿智。正因为阮修是个通透之人，与世任性，便不同一般之俗人，不会人云亦云，不活在俗陋的人事之中。

在古人眼里，鬼神皆为无声与形者，不信者也大有人在。

孔子便敬鬼神而远之。季路问孔子鬼神之事。子曰："未能事人，焉能事鬼？"曰："敢问死。"曰："未知生，焉知死？"孔子这里讲的"事人"，指事奉君父。在君父活着的时候，如果不能尽忠尽孝，也就谈不上孝敬鬼神。孔子奉劝人们能够忠君孝父，说明孔子不信鬼神，也不把注意力放在来世上。

与其敬鬼神，不如尽人事。不管明天，只向今日。不向彼刻，只向此时。将现世和当下的事情做足做好，既充实又无愧。

"东床坦腹"何以为婿

今读《世说新语》,我们看看王羲之是怎么被人选为乘龙快婿的。

郗太傅在京口,遣门生与王丞相书,求女婿。丞相语郗信:"君往东厢,任意选之。"门生归,白郗曰:"王家诸郎,亦皆可嘉,闻来觅婿,咸自矜持。唯有一郎,在东床上坦腹卧,如不闻。"郗公云:"正此好!"访之,乃是逸少,因嫁女与焉。

郗鉴在京口时,派门生送信给王导,想在王家子侄中找一位女婿。王导对郗鉴的信使

"东床坦腹"何以为婿

说：" 你到东厢房去，任意挑选一位。"这位门生回去，报告郗鉴说：" 王家诸位郎君，都值得称道，他们听说找女婿，各自都显得很拘谨。只有一位郎君，在床榻上坦胸裸腹地躺着，好像什么都没听见。"郗鉴说：" 恰恰是这一位好！"再去打听，原来是王羲之，郗鉴就把女儿嫁给他了。

好一个王羲之！不管谁来，不管做什么，就这样坦胸裸腹地躺在床榻上。这郗太傅博览经籍、躬耕吟咏，是清节儒雅之名人，眼光就是独到。他反众人之道而行之，竟然挑得了一个好女婿。

王羲之一向真性情，写起字来也是平和自然。看其笔势委婉含蓄，遒美健秀。人称其书法既表现出以老庄哲学为基础的简淡玄远，又表现出以儒家的中庸之道为基础的冲和缓适。

相由心生，字如其人。王羲之的"东床坦腹"不仅是一种生活态度，更是一种艺术追求和人生哲学。一切还是自然的好，宠辱不惊，行稳致远。生活就是这样，不要去刻意去修饰和造作，有时候不违心地做姿态反而是一种最好的姿态。

人生当如许璪睡好觉

《世说新语》中不乏微言大义，不时令人共鸣难已。

许侍中、顾司空俱作丞相从事，尔时已被遇，游宴集聚，略无不同。尝夜至丞相许戏，二人欢极，丞相便命使入己帐眠。顾至晓回转，不得快孰。许上床便咍台大鼾。丞相顾诸客曰："此中亦难得眠处。"

许璪、顾和都在丞相王导手下担任从事，当时都已被赏识重用，凡是参加游乐宴饮聚会等，两人都没有什么不同。有一次晚上他们到王导家玩乐，二人玩得极其开心，王导便让他们到自己帐中睡觉。顾和辗转反侧直到天亮，难以熟睡。许璪一上床就呼呼入睡，鼾声大作。王导回头对其他宾客说："这里

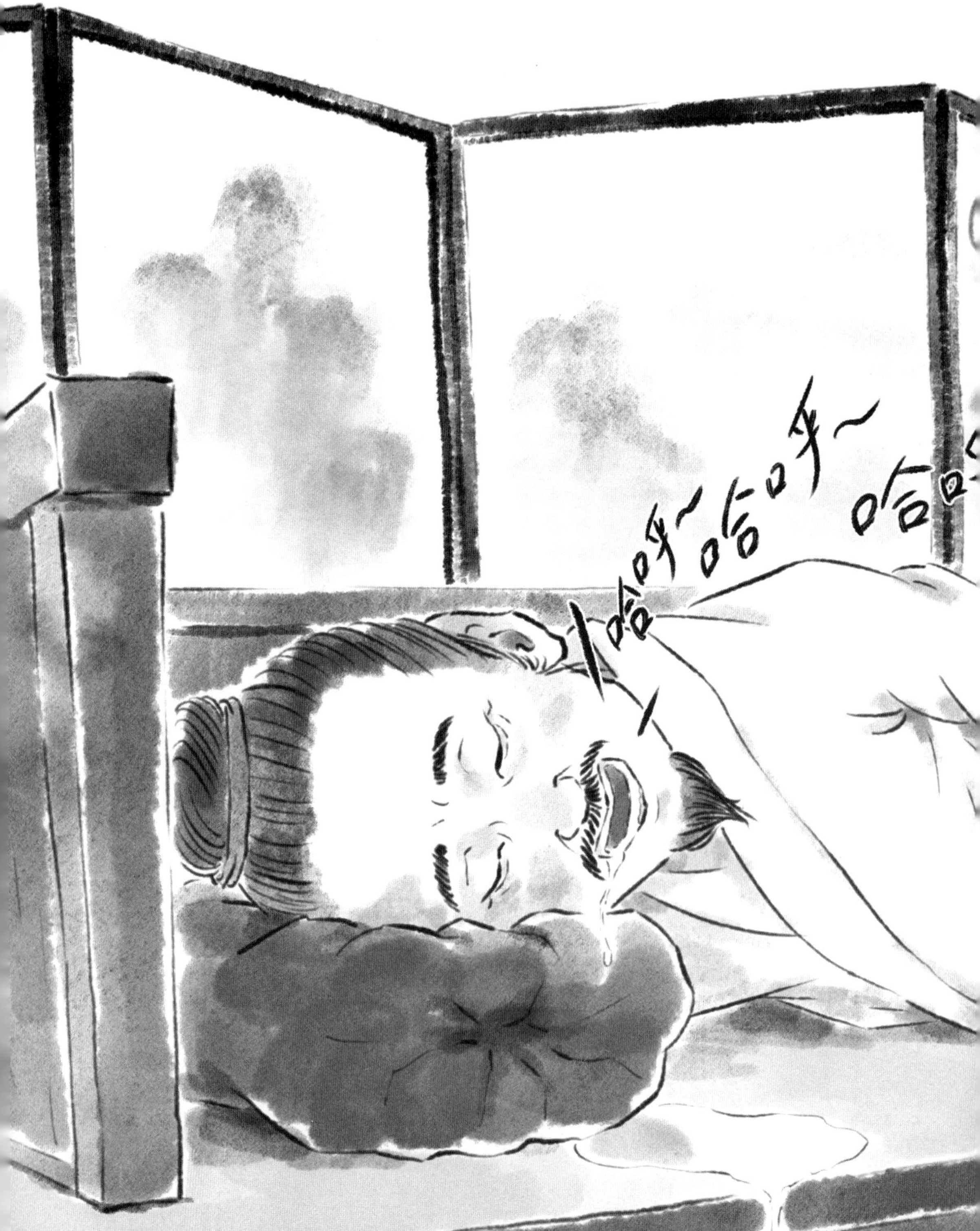
哈呼~哈呼~
哈

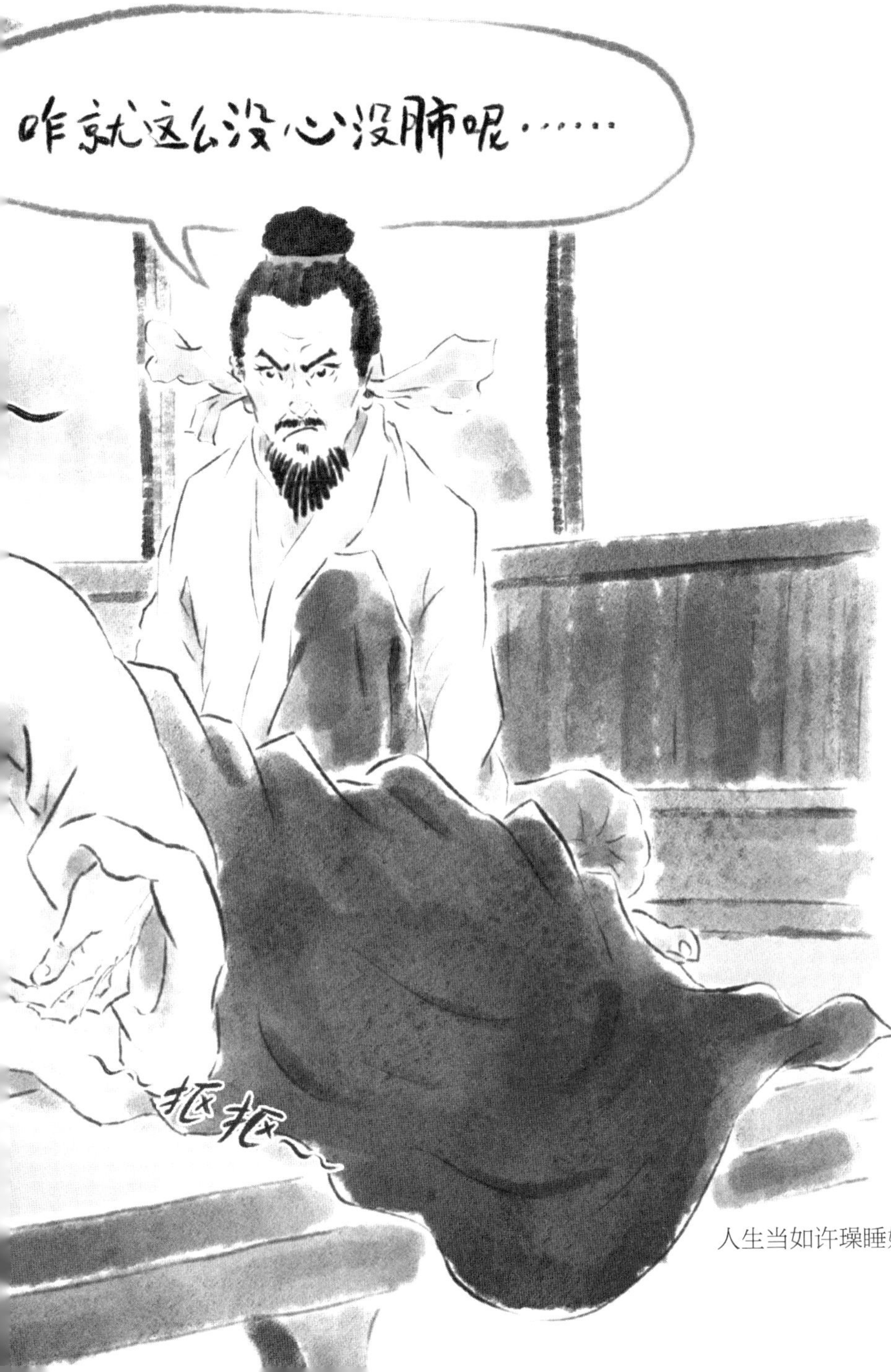
咋就这么没心没肺呢……
抠抠~

也是难以安睡的地方。"

许璪身在丞相帐中也能呼呼大睡，这是何等之心境！而顾和让我深表同情，换成我恐怕也多半是一夜无眠。睡不着，显然是因为心中有所顾忌，或是担心领导留我于此是何用意？

所谓"心中有事三界窄，心中无事一床宽"，此中的"无事"，不是不做不想事，而是不把事情心里搁，不为事忧，只把事干。于繁杂中找自在，于劳碌中寻闲适。

生活中往往有的人心有千千结，喝酒也常醉，睡觉也常醒。

紧握双手，手里什么也没有；打开双手，世界就在我手中。

"张翰摇头唤不回"

《世说新语》中有篇关于西晋吴郡即今苏州人张翰的文字。他在外做官,却因思念家乡美食而撂下官职旋即返乡。看来,这位"老哥"也是一"吃货",当官多少烦心事,只有"吃"者留其名。

张季鹰辟齐王东曹掾,在洛,因见秋风起,乃思吴中菰菜莼羹、鲈鱼脍,曰:"人生贵得适意尔,何能羁宦数千里以要名爵!"遂命驾便归。俄而齐王败,时人皆谓为见机。

张翰被任命为齐王司马冏的东曹掾,在洛阳,看到秋风起了,于是就想念家乡吴地的菰菜莼羹、鲈鱼脍,说:"人生可贵的是使自己愉快而已,怎能为了求得名位而在数千里外做官

呢！"于是他就命人驾车回乡。不久齐王冏兵败被杀，当时人都说张翰有先见之明。

何谓菰菜莼羹、鲈鱼脍？就是茭白莼菜汤和鲈鱼片，这些都是江南的家常菜而已。这个东曹属官张翰，在秋风的感召下，思念起这些家乡美味，一不做二不休，连官位名利都放弃了，还恰好避开了一场灭顶之灾。

张翰性格放纵不拘，时人比之为阮籍，号为"江东步兵"。也许是见祸乱方兴，张翰萌生退意，遂以莼鲈之思为由而去了。

因张翰而有了"莼鲈之思"的典故，苏东坡赞道："秋风一箸鲈鱼鲙，张翰摇头唤不回。"李白也极力推崇他。张翰历经魏灭蜀、晋代魏、晋灭吴等大变迁，他心有乾坤，断然舍名利，故乡寻自由。这种人生观为后人深刻思考如何珍惜生活应该会产生很多共鸣。

聪明的杨修错在哪里

读《世说新语·捷悟》篇,遇见了两个聪明人,曹操和杨修。一个出字谜,一个解字谜,搞得高深莫测的样子,众人仿佛都在云雾里,随他们俩耍。

杨德祖为魏武主簿,时作相国门,始构榱桷,魏武自出看,使人题门作"活"字,便去。杨见,即令坏之。既竟,曰:"'门'中'活','阔'字,王正嫌门大也。"

人饷魏武一杯酪,魏武啖少许,盖头上题"合"字以示众。众莫能解。次至杨修,修便啖,曰:"公教人啖一口也,复何疑?"

杨修担任曹操的主簿，当时正建造相国府的大门，刚刚搭建屋椽，曹操亲自出来察看，让人在门上题了一个"活"字，就离开了。杨修看到后，立即命人把门拆了。拆掉后，说："'门'中加'活'字，就是'阔'字，魏王正是嫌门太大。"

　　有人送给曹操一杯乳酪，曹操吃了一点点，在杯盖上题了"合"字给大家看。大家都不懂是什么意思。按次序轮到杨修，杨修就吃了一口说："曹公让每人吃一口，还疑虑什么？"杨修忽略了曹操的潜在意图，这种自负和过于自信的随意是不讨喜的。哪个领导也不喜欢如此耍的下属。

　　杨修学问渊博，极其聪慧，担任曹丞相的主簿。当时曹操军国多事，杨修负责内外之事都合曹操心意。建安二十四年秋天，"杨大人"却被曹操以"前后漏泄言教，交关诸侯"的罪名所杀。

作为官二代，杨修对于官场潜规则却似乎不太老练。对于曹操来说，门上写"活"，多少是为了表现一点自己的聪明，作为部下的杨修，可能装傻更好一些。杯盖上写"合"字，同样是曹操在卖弄才华，众人难道都不知其意？可杨修偏偏又要点破。

杨修是个恃才的文化人，他装傻是一件很难的事。财不外露，一般人多能做到，而才不外露，太多人做不到。

《三国志》是这样说的："太祖既虑终始之变，以杨修颇有才策，而又袁氏之甥也，于是以罪诛修。"原来，曹操是考虑到终始之变，担忧杨修站在曹植这边，一次次帮曹植通过考验，对曹丕不利。加上杨修是老对手袁术的外甥，曹操便全方位地否定了杨修，为了消除隐患，终于痛下杀手。

杨修是一个大才，但他只能做个教师或艺术家，而他偏偏参与了搞政治。你摸清领导的底细和想法倒还罢了，还参与到可能怂恿曹植夺取政权的游戏中。自作聪明地解读"鸡肋"成为了曹操杀他的导火索。杨修毁于在政治中乱说话、站错队，也毁于聪明反被聪明误。谦虚谨慎离杨修太远了。

"深不可识""善为士"

《世说新语·容止》篇里有则床头捉刀人的故事,充分反映了曹操的奸雄本色。

魏武将见匈奴使,自以形陋,不足雄远国,使崔季珪代,帝自捉刀立床头。既毕,令间谍问曰:"魏王何如?"匈奴使答曰:"魏王雅望非常,然床头捉刀人,此乃英雄也。"魏武闻之,追杀此使。

曹操将要接见匈奴使者,自认为相貌丑陋,不足以在远方国家的使者面前称雄,便让崔琰来代替,自己就握刀站在床榻旁。接见过后,派间谍去问道:"魏王怎么样?"匈奴使者回答说:"魏王高雅的仪容风采非同寻常,但是床榻旁的握刀人，才是真英雄啊。"曹操听了这话，派人追杀了这位使者。

曹操统一北方后，声威大振，各游牧民族部落纷纷依附。匈奴派使者送来了大批奇珍异宝，使者请求面见曹操。

曹操明白，他个人的形象关乎国家的形象，没有一个高大上的形象代言人不行，不然难以震慑匈奴，便让体态雄伟、相貌俊美的美髯公崔琰假冒他，自己扮成侍卫在侧，也能够更好地看看对方的动向。

曹操认为这个匈奴使节眼光如此锐利，绝非等闲之辈，将来会是个厉害人物，如此人物辅佐匈奴一方恐于国于己皆有大不利，出于谨慎，便杀之。

匈奴使者眼光那么毒，肯定是人中龙凤，睿智异于常人，但怎能在异国他乡轻易地把自己"暴露"，以致惨遭被杀之祸呢？毁掉自己的是自己超级敏锐的洞察力，一个超级奸雄包容他有可能成为心腹大患？聪明还是藏拙好，"深不可识""善为士"！

像人间最好的王姓兄弟死亡一样，是天天都会发生的事情，疫情、战争、交通事故……多少生命不复存在，为生者留下刻骨之心痛。

《世说新语·伤逝》篇，记述了魏晋名士溺于真情，哭悼死者时不拘礼法，真诚灼然，令人动容。其中，王羲之的五子王徽之就为后人上演了一段感人至深的兄弟情。

王子猷、子敬俱病笃，而子敬先亡。子猷问左右："何以都不闻消息？此已丧矣！"语时了不悲。便索舆来奔丧，都不哭。子敬素好琴，便径入坐灵床上，取子敬琴弹，弦既不调，掷地云："子敬，子敬，人琴俱亡！"因恸绝良久。月余亦卒。

王徽之、王献之都病得很重，王献之先死了。王徽之问左右侍从："为什么没有听到一点消息？他已经死了啊！"说话时完全没有悲伤的样子。他即备了车子去奔丧，一点也不哭。献之一向喜欢弹琴，徽之便径直进去坐在灵床上，拿了献之的琴来弹，琴弦无法调好，他就把琴扔在地上说："子敬！子敬！人与琴都死了！"随即悲痛了很久。过了一个多月，他也因此身故。

人琴俱亡的故事悲伤至极。

我们希望这对感情超级好的兄弟在另一个世界无忧无虑。王献之抚着自己的古琴，铮铮琴音时而如涓涓细流，时而如波涛汹涌。王徽之眼观鼻，鼻观心，手打着节拍，口中不住地浅

"深不可识""善为士"

吟低唱。他们饮酒对弈，笑傲风月，是由古至今最感人的最令人神往的兄弟情。

好男儿，两兄弟，志同道合，都是人世间罕有的，一个享年四十九，一个年仅四十三，生命绚丽之花凋谢于人生半途，但是他二人却联袂为我们演绎了什么是兄弟情深。

天下之和谐，必先始于家庭之和谐，兄弟手足不和谐，何谈社会和谐？王羲之两个儿子追求着自己的"月亮"之光，而不是沉在世俗的"六便士"里，这会让多少今人情何以堪？

淡泊名利者寡矣

《左传》中有篇文章《介子推不言禄》：晋侯赏从亡者，介子推不言禄，禄亦弗及。其母曰："盍亦求之？以死，谁怼？"对曰："尤而效之，罪又甚焉。且出怨言，不食其食。"其母曰："亦使知之，若何？"对曰："言，身之文也，身将隐，焉用文之？是求显也。"其母曰："能如是乎？与汝偕隐。"遂隐而死。晋侯求之不获，以绵上为之田，曰："以志吾过，且旌善人。"

晋文公赏赐跟随他逃亡的人，介子推没有要求应得的俸禄，晋文公也没有给他俸禄。他母亲说："为什么不也去求赏？因为这样而死，又怨谁？"介子推回答道："指责别人而又去仿效，罪就更大了。况且我口出怨言，不能再吃他的俸

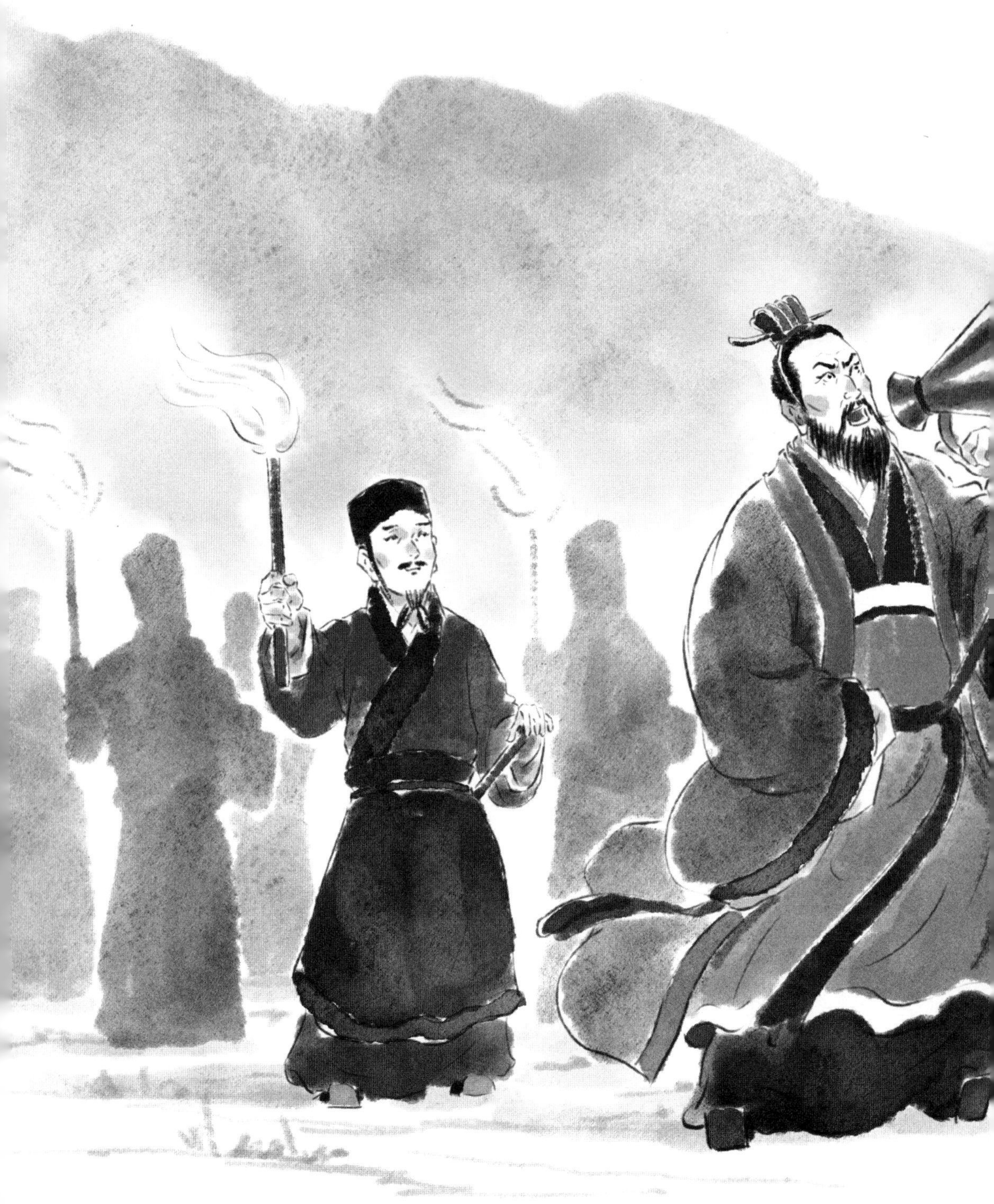

老介！
快跟我回去做官，
不然我就要放火
烧山了！

淡泊名利者寡矣

禄。"他的母亲说："也让他知道一下，怎样？"介子推答道："言语，是身体的文饰。身体将要隐居，哪里用得着文饰？这样做是求显露了。"他母亲说："你能够这样吗？我同你一起去隐居。"然后隐居而死。晋文公访求他们找不到，就把绵上即介子推隐居之地作为封田，说："用这来记载我的过失，并且表扬好人。"

古人一直有个备受困扰的问题，就是辅佐主子成就大功之后，臣子是心安理得地接受封赏还是功成身退。多数做臣子者认为功成身退确实高尚，但却经不住高官厚禄的诱惑，而介子推大不一样，弃封赏如敝屣，决然携母归隐。可见，介子推对自己的道德要求、对自己的修身定位非常的清晰和坚定。

人生与名利相伴相随，多少人不追名不知何以安身，不逐利不知何有乐趣。他们不惜放弃学业，不耻出卖色相，不惧丢弃人格，不知爱惜性命，在欲望之竞速攀比中摩顶放踵，实是空留皮相而去。千百年来，介子推因为自己具有的明身、恒志、忠贞等优秀品格而倍受推崇。历史上留下了他割股食君、功成逃禄、焚死绵山等许多故事，据传清明节、寒食节的许多习俗也与他相关。我们最应该记住介子推的，当是他淡泊宁静、决绝告别名利场的那份笃行和坚持。

韩愈对石处士的期望

古代读书人讲究气节，所谓道不同不相为谋，否则不如归隐江湖之远，孑孓而行，终老一生。被世人尊为"唐宋八大家"之首的韩愈，写有一篇《送石处士序》，讲的是元和五年（810年）四月，乌重胤就任河阳军节度使，马上访求贤才，共济国事，随即归隐洛北的处士石洪应邀出山，东都士人作诗饯别，邀请韩愈作序赠之。这乌石二人便因志趣相投，才令石处士恭敬出仕，愿助乌公一臂之力。

乌公担任节度使后的第三个月，就在贤能的僚属中访求人才。有人推荐石先生，说："石先生住在山水之间，冬天穿一件毛皮大衣，夏天穿一身葛布衣服。早晚吃饭，只有一碗饭、一盘蔬菜。别人送钱给他，他辞谢不收；邀请他一起出游，从不借故推脱；劝他出来做官，他不肯答应。他经常在一间房子里坐着，身旁全是图书。和他谈论道理，辨析古今事件正确与否，评论人物的高下，预测事情的成败，他言语滔滔不绝，就像河水决堤向东奔流而下那样。"乌大夫说："石先生志在隐居终老，不求于人，他肯为我出山吗？"僚属说："大夫您能文能武，忠孝两全，是为国家搜罗人才，不是为自己。石先生仁爱而又勇敢，若是用大义去聘请他，并执意委以重任，他还能用什么话来推辞呢？"于是写好礼聘的书信，准备了马匹和礼物，选个黄道吉日交付使者，寻访石先生的住处，恳请他出山。

石先生没告诉妻子儿女，没有跟朋友商量，戴冠束带出来见客，在屋里恭恭敬敬地接受了书信和礼物。当夜就沐浴更衣，打点行李，装载书籍，问明道路怎么走，向日常来往的朋友告别。第二天早上，朋友们都前来送行，在上东门外为他设宴饯行，酒过三巡，有执爵而言者曰："大夫真能以义取人，先生真能以道自任，决去就为先生别！"又酌而祝曰："凡去就出处何常？惟义之归。遂以为先生寿！"又酌而祝曰："使大夫恒无变其初，无务富其家而饥其师，无甘受佞人而外敬正士，无昧于谄言，惟先生是听，以能有成功，保天子之宠命。"又祝曰："使先生无图利于大夫，而私便其身图。"先生起拜祝辞曰："敢不敬早夜以求从祝规！"于是，东都洛阳的人都知道乌大夫与石先生一定能相互配合而有所成就。在座的人便各赋诗六韵，派韩愈写了这篇序文。

石处士这样的读书人便是这种风格，不乐意便没戏，百般不成，乐意了怎么都行，不讲价钱，士为知己者死嘛。所以，真正的读书人做官就是为了做事，以道自任，不改初衷，不做表面文章，不喜花言巧语，不被奉承所蒙蔽，不被功利遮住眼，承载责任与使命，向心而行，向义而归，而决不虚掷光阴于一顶空空的乌纱帽。

我言秋日胜春朝

物既老而悲伤，物过盛而当杀，人们总为秋而伤怀。夜读《秋声赋》，发现欧阳修也甚悲秋。《秋声赋》作于欧阳修回京任职的嘉祐四年（1059年），五十三岁的他经历了宦海沉浮和几次政治变动，人生体验和感慨广大深沉。文章以"秋声"为引子，抒发草木被秋风摧折的悲凉，延伸至更容易被忧愁困思所侵袭的人，感叹"百忧感其心，万事劳其形"，也是作者对人生不易的体悟。

欧阳子方夜读书，闻有声自西南来者，悚然而听之，曰："异哉！"初淅沥以潇飒，忽奔腾而砰湃，如波涛夜惊，风雨骤至。其触于物也，鏦鏦铮铮，金铁皆鸣，又如赴敌之兵，衔枚疾走，不闻号令，但闻人马之行声。予谓童子："此何声也？汝出视之。"童子曰："星月皎洁，明河在天。四无人声，声在树间。"

欧阳修夜里听到了秋声，叹道："唉，好悲伤啊！这是秋天的声音呀，它为什么来到世间？秋天是这样的：它的色调凄凉惨淡，烟雾飞扬云气聚集；它的形貌晴明，天空高旷，阳光灿烂；秋风凛冽，刺人肌骨；它的意境冷落苍凉，山河寂静空旷。所以它发出的声音时而凄切低沉，时而呼啸激扬。绿草如茵丰美繁茂，树木葱茏令人怡悦，然而秋风一旦拂过，草就要变色，树就要落叶。这能使草木摧折凋零的，便是一种肃杀秋气的余威。

秋天，在职官是刑罚之官，在时令上属阴，又象征着用兵，在五行中属金。这就是所谓的"天地之义气"，它常常以肃杀为本心。上天对于万物，是要它们在春天生长，在秋天结实，所以秋天在音乐五声中又属商声，商声是代表西方的乐调，而七月的音律是夷则。商，也就是"伤"，万物衰老了就会悲伤。夷，是杀戮之意，事物过了繁盛期，就会遭遇杀戮摧折。"草木本来无情，尚且不免按时衰败零落。人为万物之灵，万千忧愁来煎熬他的心，琐碎烦恼来劳累他的身体，心中有所

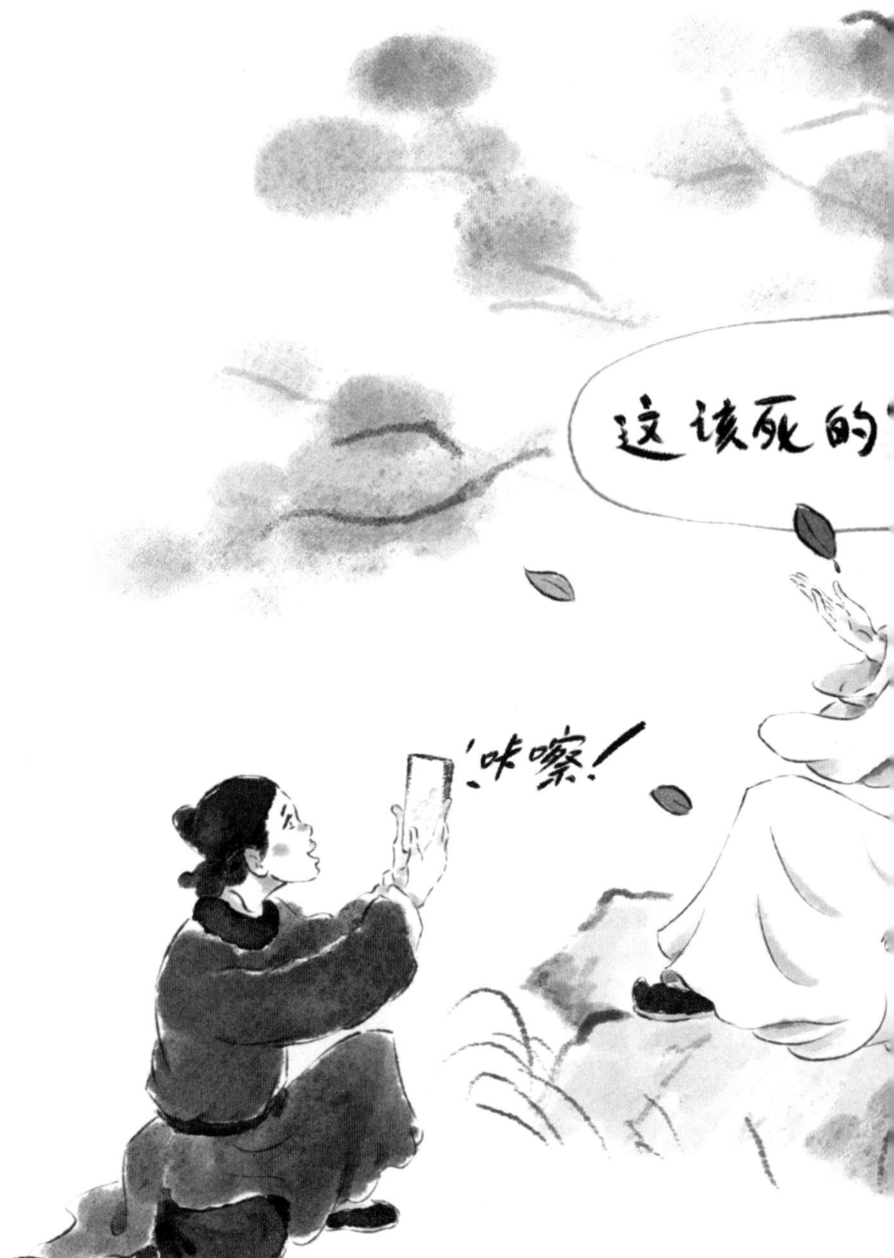
这该死的
咔嚓！

我言秋日胜春朝　　109

触动，必然会损耗精力。何况常常思考自己的力量所办不到的事情，忧虑自己的智力所不能解决的问题，这样自然会使他鲜红滋润的肤色变得枯槁，乌黑光亮的须发变得花白。人为什么要用并非金石的肌体，去跟草木竞争一时的荣盛呢？仔细思量自己到底被什么伤害摧残，又怎么可以去怨恨这秋声呢？"童子莫对，垂头而睡。但闻四壁虫声唧唧，如助予之叹息。

书读得多了，读书人更易对季候之更替有所触动。随着四季周而复始之演进，人们或振奋，或颓废，或喜悦，或悲伤，在生命之无奈中感受天地之恒常、人生之忽尔。尤其是"悲秋"比比皆是，宋玉在《九辨》中感喟，白居易与琵琶女在浔阳江头偶遇，辛弃疾在《丑奴儿》中"而今识尽愁滋味"，林黛玉作的《秋窗风雨夕》中的二十句诗中竟用了十五个"秋"字……真可谓"自古逢秋悲寂寥"。其实，所有的"悲秋"都不在"秋"，而是借此抒发人生忧患并引发对人生、生命和社会的深沉思考。春繁、夏荣、秋凋和冬残是自然事实和规律，但毕竟是"境由心造"，我们应该"我言秋日胜春朝"，因为"一年一度秋风劲，不似春光。胜似春光，寥廓江天万里霜"。

寻找自己的"桃花源"

《归去来兮辞》是记述诗人辞官归田的抒怀之赋，抒写了对隐居生活的热切向往之情。诗人将为官的经历总结为"心为形役"，而隐居田园则充满归家的喜悦和满足、拄杖观景的悠闲、回归自然的乐趣、乐天知命的适意，点出"今是而昨非"的人生感悟。全文一气呵成，真挚自然，意味厚朴，共鸣远矣，被欧阳修推崇为"晋无文章，惟陶渊明《归去来兮辞》而已"，实在不可不读。

"归去来兮！田园将芜，胡不归！既自以心为形役，奚惆怅而独悲！悟已往之不谏，知来者之可追，实迷途其未远，觉今是而昨非。"辞官归去吧！既然自己让心灵受形体的奴役，

为何还要内心失望独自伤悲！以往是错误之路，现在该踏上正确之道。"策扶老以流憩，时矫首而遐观。云无心以出岫，鸟倦飞而知还。景翳翳以将入，抚孤松而盘桓。"诗人向望挂着拐杖走走停停，时而抬头望远。白云悠闲地飘出山谷，鸟儿飞倦了也知道归来。夕阳暗淡将坠入大地，我仍抚着孤松徘徊流连。

"归去来兮，请息交以绝游。世与我而相违，复驾言兮焉求？悦亲戚之情话，乐琴书以消忧。农人告余以春及，将有事于西畴。或命巾车，或棹孤舟。既窈窕以寻壑，亦崎岖而经丘。木欣欣以向荣，泉涓涓而始流。羡万物之得时，感吾生之行休。"既然这浑浊的社会和我的本性不能相容，我再驾车出来又有什么可以追求？我喜欢的是亲戚间知心的交谈，高兴的是弹琴读书来化解忧愁。与农人共话春天，与溪丘同享自然。

"富贵非吾愿，帝乡不可期。怀良辰以孤往，或植杖而耘耔"。荣华富贵不是我的愿景，缥缈仙境又不可预期。留恋这大好的时光独自往游，或者就像古代的隐士那样把手杖插在地上锄草培苗。姑且顺应自然的变化走到生命尽头，愉快地接受天命的安排而不再疑虑。

陶渊明不为"五斗米折腰"，弃职归隐，躬耕田园。他的仕隐观和追求田园生活的方式和态度影响了无数后来人。我们且不敢言弃职，即使退休后也只能在城里蜗居，无田园可归，无乡野可隐，那就隐在城里、逸在心里吧。

陶渊明前后出仕五次，为官总时长不超过五年。他当的官不大，也没有介入政治的"大染缸"，他最后辞官的理由就是不愿为五斗米折腰，也就是不想曲意奉迎、曲背迎接上级领导。割断名缰利锁回归真实、自由、自然生活的陶渊明，年少时也曾经"猛志逸四海"，但四十二岁的他看到当初的理想无法实现，不骂娘、不报复社会，不躺平随它去了，而是退出仕途,"出世但不离世",在自己的"桃花源"里活出了古往今来所羡慕的模样。我们或许达不到陶渊明的境界或高度,但面对滚滚红尘,换一种方式或心态,每个人都应该找到专属于自己的"桃花源"。

父女两人毁两朝

贾充是三国曹魏至西晋时期的大臣,曹魏豫州刺史贾逵之子,西晋王朝开国元勋,曾参与镇压淮南二叛和弑杀魏帝曹髦,因此深得司马氏信任,其女儿贾褒及贾南风都是司马家的媳妇,贾家自然是地位显赫。

然而,贾充其父贾逵历仕曹操、曹丕、曹叡三世,是曹魏政权中具有军政才干的人物,终其一生为曹魏政权作出卓越贡献。《唐会要》将贾逵尊为魏晋八君子之一。而贾充因支持晋魏禅让而被诸葛诞质疑"卿非贾豫州子乎",这与其父的政治志向是相悖的。可以说,西晋政权能够建立,贾充是立了大功的,可谓成也贾充,但贾充女儿贾南风掀起的后宫干政,直接引发长达十六年的八王之乱，直至西晋灭亡。从这个意义上来说，西晋的倒下，可谓败也贾充。

贾充是犯了悖逆弑君之罪的。甘露五年（260年），魏帝曹髦忿恨司马昭独专朝政，集合了宫里的卫兵和一些奴仆讨伐司马昭。贾充带着兵士数千人在南阙阻拦曹髦。曹髦亲自用剑拼杀，称有敢动者灭族，众人感到和皇帝打仗非同小可，都准备逃跑。跟随贾充的太子舍人成济问贾充说："此事该怎么办？"贾充回答说："司马公养着你们，就是为了今天！还用问吗？"成济闻言胆壮，遂上前弑杀曹髦。曹髦死后，司马昭召会群臣商讨如何交代这次"哗变"，陈泰建议诛杀主谋行刺的贾充，司马昭不愿意，只诛杀了成济、成倅等人。

贾充的妻子广城君郭槐，生性妒忌。当初，儿子黎民三岁，奶妈在门前抱着他。黎民看到贾充进来，高兴地笑了，贾充过去抚摸他。郭槐看见了，认为贾充与奶妈有私情，于是把奶妈鞭打致死。黎民怀念奶妈，不愿进食，生病死了。后来郭槐又生下个男孩，过周岁，又被奶妈抱着，贾充用手摸孩子的头。郭氏怀疑奶妈，又杀掉了，儿子也因思念奶妈而死。贾充没有后代继嗣，全因郭氏两番"狮吼"。

贾充特别爱惜自己的"羽毛"，总是极力维护自己的名声，历史上留传下来其女偷香的故事更证明了这一点。韩寿的相貌很俊美，贾充聘他来做属官。贾充每次会集宾客，他的小女儿贾午都从窗格子中张望，见到韩寿就喜欢上了，心里常常想念着，并且在咏唱中表露出来。韩寿听说了，意动神摇，就托婢女暗中传递音信，到了约定的日期就到贾女那里过夜。后来贾充闻到韩寿身上有一股异香的气味，这是外国的贡品，一旦沾到身上，几个月香味也不会消散。贾充思量着晋武帝只把这种香赏赐给自己和陈骞，其余人家没有这种香，就怀疑韩寿和女儿私通。于是，贾充就把女儿身边的婢女叫来审查讯问，

父女两人毁两朝

婢女随即把情况说了出来。贾充秘而不宣，赶紧把贾午嫁给了韩寿。后来，贾充有了外孙贾谧，过继给贾氏。

对待贾充这样的历史人物，我们很难用一定的标准去衡量他。他私德好、有本事，却坚定地背曹魏而倚司马。他在两个朝代中的角色，以及他主动参与的弑君事件，让后人对他的评价充满了矛盾和争议，对他的"公德"产生了怀疑。贾充的家风很是糟糕，悍妇郭氏因小心眼杀了他的两个儿子不说，还生出一个祸乱西晋使其灭亡的贾南风来。所以我们可以说，贾充毁了曹魏和西晋，西晋成也贾充、败也贾充。或者说，父毁魏，女乱晋，贾氏父女，"相得益彰"。

王戎不是"另类",今要另当别论

王戎是魏晋时期的名士,是"竹林七贤"中年龄最小的,也是门第最高的。

王戎与老婆打情骂俏,团结得很好,成语"卿卿我我"即出自这对夫妻。因母丧离职,王戎不拘礼制,守丧期间饮酒吃肉,或观看下棋,而容貌憔悴,持杖才能行路。王戎的父亲去世了,很多人来"随份子",王戎一概不受。王戎的儿子死了,他哭得超出想象。

王戎喜欢亲近阮籍这样的名士。他曾经与阮籍共饮,当时兖州刺史刘昶(字公荣)在座,阮籍因为酒少,斟酒时没有给刘昶斟，刘昶也不怨恨。王戎觉得奇怪，以后问阮籍道："刘昶是什么样的人？"阮籍回答说："胜过公荣的人，不可不给他酒喝；不如公荣的人，不敢不与他共同喝酒；只有公荣可以不给他酒喝。"王戎经常与阮籍等在竹林游玩，有一次王戎来晚了。阮籍说："俗物又来败人兴致。"王戎笑着说："你们的兴致看来很容易败了。"在阮籍的口中，王戎不是清流，而是俗物。

王戎是个与时舒卷之人，以为晋室已乱，仰慕春秋蘧伯玉的为人，随波逐流，无刚直之节。自从掌选才任官之职，不曾擢拔出身寒微之士，退黜徒有虚名之人，只是随时势而沉浮，在官门中选官调职而已。不久拜为司徒，虽总三司之权，而委事于僚属。常私人乘小马从便门出去游玩，见到他的人不知道他竟然是三公。他原来的门生故吏多升为大官，路上遇到他就要避开。

作为顶级豪门，不差钱的王戎的吝啬颇让人不解。他为人好兴财利，园田水碓周遍天下，积货物、聚钱财不计其数，常自执算筹，昼夜计算，常嫌不足。他自己连吃穿都舍不得，天下人都说这是他的不治之症。女儿出嫁给裴頠时，向他借钱颇多，很久没有归还。女儿回娘家，王戎冷面相对，女儿赶紧把钱还给他，王戎才释然。一个侄儿要结婚，王戎送给他一件单衣，结婚后又把这件单衣要回来。他家种的李子好，常卖李果，怕别人得到自家的好种子，卖时总在果核上钻个孔。看来，王戎很有"专利"保护意识。

王戎又有鉴识人的慧眼。认为山涛如璞玉浑金，人人都羡慕其为宝，但不知可以做成何器；王衍神姿高远，如瑶林玉树，自然是尘世以外的人物。王戎认为裴頠拙于用其长，荀勖善于用其短，陈道宁如长竿高挺。族弟王敦有高名，王戎讨厌他，王敦每次去看望王戎，王戎总是假托有病不见他。后来，王敦果然叛乱。

可以说，王戎既享朝端之富贵，更存林下之风流，该占的便宜，几乎都占尽了。但人生总有遗憾。他经过黄公酒垆下，回头对后车上的门客们说："我昔日与嵇叔夜、阮嗣宗在此畅饮，在竹林一起游玩的朋友我也算最末一个。自嵇、阮去世，我便为时务所缠扰，今日旧物都在眼前，而人却如远隔山河了。"

王戎是一个对亲情、友情和爱情非常重视和爱护的性情中人，他为了家族的利益不遗余力，为本家同宗之人做出了很

大贡献。王戎情商、智商高，家庭好，会做官，有功劳，善相人……可谓当时的"人上人"。

但是，王戎吝啬到偏执，同时他既当大官，又做名士，是"竹林七贤"中在从政路上最顺利也是走得最远的一个。因为他不该有的近乎不可理喻的抠门和利己，因为他为了自保而不时做出非常行动的状况，很多人对他褒贬不一，有人认为他是一个矛盾的综合体。

生逢乱世中，万事眼前过。王戎或许是一个当世最聪明的人。他的吝啬给人以一种拘小节、不能成大器的假象，是否为了自保？他跳入粪坑装疯卖傻不进入危局，是否为了自保？他或许有常人的缺点，但他更有常人没有的优点。他吝啬但取财有道，他一直从政但决不站队。想通这些，一个真实、立体、生动、丰满和通透的王戎的形象就出来了。"竹林七贤"中的其他六人可以视为理想主义者，而王戎是现实主义者与理想主义者的成功合体。

穷苦亦可凭己跻身上流圈

乐广是西晋名士，名重当时。其父亲乐方曾任征西将军夏侯玄的参军。乐广八岁时，夏侯玄和他谈话，回去后便对乐方感慨道："刚刚看见乐广神姿朗彻，以后当为名士。"

乐方很早就去世了，乐广一人寄居在山阳老家，虽贫寒但致力学业，人无知者。他性谦和，有远见，不图享乐，与物无竞。其善于言谈议论，常常用简明的语言分析事理，来让别人心里满意。不懂事理，他选择沉默是金。

裴楷曾请乐广一起清谈，二人从早到晚地讨论，并互相钦佩，裴楷叹息："乐广的见解是我无法比拟的。"尚书令卫瓘，在朝中德高望重，曾与夏侯玄等高士一同谈论，他认为乐广是奇才："我以为正始名士以后再也听不到如此微言大义了，可是现在竟又在乐广这里听到了这样的话语。"

卫瓘还让自己的几个儿子到乐广那里去，对他们说："乐广这个人就像是水一样的镜子，见到他能感受到玉石般的光彩，若披云雾而睹青天也。"王衍也说："我和别人说话已经觉得很简练了，但是遇到乐广，还是觉得啰嗦！"

乐广还给后人留下了杯弓蛇影的故事。他曾经有一位密友，两人分别很久，但不见朋友再来，乐广问朋友何故，友人答："前些日子来你家做客，承蒙你给我酒喝，正端起酒杯要喝酒的时候，看见杯中有一条蛇，心里十分害怕，既饮而病。"当时，乐广猜想杯中的蛇就是墙上挂着的角弓的影子而已。他在原来的地方再次请那位朋友饮酒，对朋友道："酒杯中是否又看见了什么东西？"朋友回答说："所看到的跟上次一样。"乐广便告之原因，使其顿时豁然开朗，疑团释然。

乐广为人达观，在从政当时没有得到功劳赞誉，然而每次离任都被人怀念。他认为人有过失，先尽量宽恕，然后善恶就自己明了。那时王澄、胡毋辅之等人，把放任行为当作豁达，甚至裸露身体。乐广听后笑着说："名教之内自有让人欢乐的地方，何必这样！"

世道不安,法度混乱,乐广高洁持中立身,力求诚信清白。愍怀太子被废时,诏令旧臣不许辞别送行,官员们十分愤恨,都冒着禁令去辞行。司隶校尉令捕捉押送送行的人到狱中,乐广又放走了他们。众人替乐广担心。孙琰劝贾谧说:"以前因为太子的罪恶,有这样的废黜,他的臣下不怕严厉的禁令,冒着获罪风险去送别。现在如果抓捕他们,是张扬太子的好处,不如放走他们。"贾谧认可,乐广因而全身而退。

清谈盛行于魏晋,清谈指当时的名流及知识分子谈天说地,以讲究修辞技巧的论辨而进行的一种学术交流社交活动。

这与今人某某活动是相似的。乐广正是那个时代清谈的能手，且以简约、严谨成为成就最高的一个。虽然乐广年少被人看好，怎奈家道中落。但乐广耐得住贫苦的考验，他发奋图强，多才多艺，是一个励志逆袭成名的人物。靠读书改变命运，靠才艺进入名士圈子，这在那个时代实属凤毛麟角，不可复制。社会环境不好，家庭环境不好，乐广出人头地的背后，是他善于藏拙，又善于与别人交流；是他低调谨慎，又有自己做人的底线；是他柔中有正，又不想在仕途上触及别人痛；是他深知奋斗来之不易，又不断修身，使自己"一招鲜"吃遍天。

刚正大义属庾纯

自古为官就有不畏上、敢于当面叫板者，晋人庾纯就是这样一个牛人，敢与贾充对着干。

贾充何许人也？西晋开国元勋，曾参与弑魏帝曹髦，深得司马氏信任。后来，他又做了晋武帝的亲家，地位显赫，权势熏天，结党营私，打击异己，因此朝野上下对其憎恨不已。

《晋书》记载，贾充宴请朝中官员，其他人都早早来到，只有庾纯姗姗来迟。贾充认为庾纯对自己不尊重，生气地问："君行常居人前，今何以在后？"你以前都是走在队伍前面的，今天怎么落到了后面？

贾充这话是在讽刺庾纯，因为庾纯的祖辈做过伍佰，即军队中极小的官，站队时总是站在前面。庾纯也不示弱，回答道："旦有小市井事不了，是以来后。"意思是因为市场上有件小事需要处理，所以来晚了。这是以牙还牙，在嘲讽贾充的祖先做过管理市场的小吏，官位也很低。

两人间的争斗还在继续。轮到庾纯敬酒，别人都喝了，唯贾充不喝。庾纯说："长者为寿，何敢尔乎！"意思是我年纪比你大，你怎么这么没礼貌？贾充说："父老不归供养，将何

言也！"即你有什么资格说我不敬老，你父亲都八十多岁了，你咋不回家奉养呢？

庾纯因此发怒道："贾充！天下凶凶，由尔一人。"现在天下这么乱，都是你一个人引起的。"贾充说："我辅佐过两位皇帝，立下汗马功劳，有什么罪过而让天下大乱？"庾纯毫不示弱，撂出一句狠话："高贵乡公何在？"

"你把高贵乡公弄哪儿了？"这句话一下子揭开了贾充心中最大的伤疤。高贵乡公即曹髦，是魏文帝曹丕的孙子，就是愤愤说出"司马昭之心，路人皆知"的那位，在皇位上不甘受屈辱，奋起反抗，结果被杀，指使人杀死他的就是转投司马氏的贾充。

贾充与庾纯也属于一个小圈子，因为一个酒场，两个人彻底闹翻了。贾充恼羞成怒，上表说自己要辞官。庾纯直接将官印上交，并且自己弹劾自己"宜加显黜，以肃朝伦"，结果他如愿以偿，被免去了官职。

名士庾纯，以其学问广博和为人讲大义而著称。他依礼法为准绳，虽未在权谋中获得绝对胜利，但他的坚持和深厚也为自己争来了一席之地。

庾纯是个硬骨头，也是个直筒子。他不会写匿名信，不会暗中使绊子，而是就这样据理力争，以礼法硬刚。

齐王司马攸才品皆好，为了亲哥哥武帝司马炎出了不少力。但昏君司马炎听信小人逸言，对司马攸几番折腾。司马攸拖着病躯只能离开都城。庾纯看不下去了，便直接去讽刺皇帝：洛阳如此之大，为什么容不下一个亲弟弟，让他离开不是催其死吗？庾纯拂袖而去，三天不吃不喝而亡，司马攸也因病离世。

庾纯如此，何其血性和正直！

为这个硬汉子喝采，为这个直汉子叹息。古往今来，历朝历代，实际上都非常需要这种品性的人。

潘安的悲剧

"**貌**似潘安"一语，可以说是妇孺皆知。潘安也叫潘岳，是晋代著名文学家，并拥有古代第一美男子的称号。潘安可不光貌好，才也好，少年时即以才颖见称乡里，十二岁即能行文作诗，被乡里称为奇童。作为西晋文学的代表，潘安往往与陆机并称，有古语云"陆才如海，潘才如江"。

赵王司马伦执政，潘安与司马伦亲信孙秀有宿怨，孙秀向司马伦诬告潘安谋反，孙秀诛了潘安三族。

《晋书》记载："岳性轻躁，趋世利，与石崇等谄事贾谧，每候其出，与崇辄望尘而拜。构愍怀太子之文，岳之辞也。谧二十四友，岳为其首。谧《晋书》限断，亦岳之辞也。"潘安性情轻浮急躁，追逐世利，他的母亲多次训诫他说："你应当知足，为何要贪求不已呢？"潘安仍然不能改。

潘安年轻时给自己埋过一个大祸根。当初，其父潘芘当琅邪内史时，孙秀作潘安的跟班，为人狡诈而沾沾自喜。潘安憎恶他的为人，多次鞭挞侮辱他，孙秀怀恨在心。到赵王司马伦辅政时，孙秀当中书令。潘安在省内对孙秀说："孙中书令还记得过去我们曾打交道否？"孙秀回答说："心中藏之，何日忘之？"潘安由此知道孙秀不会罢休。

孙秀诬告潘安、石崇、欧阳建等密谋，并遵奉淮南王司马允、齐王司马冏的作乱，潘安自然不能逃脱。潘安将到刑场时，与母亲诀别说："辜负了阿母。"石崇也被押送到东市，他看到潘安也被斩杀，惊讶道："你也如此啊！"潘安说："可算是白首同所归。"原来潘安在《金谷诗》中说："投分寄石友，白首同所归。"便应了此谶。

话说回来，潘安究竟美到什么程度呢？《晋书》说，潘安姿容美丽，年少时常常挟着弹弓出洛阳道，妇女遇到他，都手拉手围成圆圈环绕，把果子投给他，于是满载而归。人比人，气死人。当时的张载很丑，每次行走在路上，小儿便用石块瓦片扔向他，令张载十分颓丧地返回。

一个有家世更有孝爱之心、有才华更有逆天颜值的高端知识分子，事业本应青云直上才对，怎么竟落得如此悲惨下场呢？

这一切缘于他站错了队，又得罪了孙秀这种睚眦必报的小人。同时，潘安的性格变化和"美男子"标签也害了他。少年成名、才艺双绝的潘安就遭到很多妒忌，而他本人不自知，反而自带傲气，其二十岁入仕，耀眼的他始终不顺心。从二十岁到四十岁，他经历八次调岗，一次升官，二次撤职，一次除名，一次自己辞官，三次被告黑状……但是他经常发牢骚，甚

至讽刺一些无才无德却不断得势的人，得罪的人肯定少不了！不死心的潘大帅哥一心想升官扬名，不惜趋炎附势攀上了贾谧、石崇、贾南风之流，这是严重缺乏政治智慧和清醒头脑的。入仕前不甘不屈的傲气，入仕后的牢骚和"变节"，这都是官场的大忌呀！在这一点上，潘安比王戎差远了！

本来一切都好，怎奈欲壑难填。你低头望深渊，深渊也在凝视你。

真名士自风流

人生不如意事十之九八，可与人言者并无二三。

西晋的文学家孙楚出身于官宦世家。他才气辞藻卓绝，爽朗超逸离群。

《晋书》记载，孙楚与同郡人王济交好，王济为本州大中正，访问者评定邑人品类情况，问到孙楚，王济说：这个人不是你所能目测的，我亲自来测定。他把孙楚评定为：天才英博，亮拔不群。

孙楚年少时想隐居，对王济说："我要枕石漱流。"错误地说成"漱石枕流"。王济说："流水不可枕，石头不可漱。"孙楚说："之所以用流水为枕，是要洗耳；之所以用石头漱口，是要砥砺牙齿。"时人赞誉孙楚机智敏捷。

因行事作派与世族官僚集团的风尚不合，孙楚常受压制，直到四十余岁时，方出任石苞镇东将军府参军事。但他生性刚毅，谈吐直爽，不畏权势，一到任见到石苞，孙楚便昂首说

"天子命我来参卿军事"。"卿"在当时不为敬语，只能上官对下官使用。从此，二人心存芥蒂，彼此不和。尽管孙楚曾为石苞代作名文《遗孙皓书》，最后仍被石苞弹劾，诬称其"讪毁时政"，孙楚被迫弃官家居十余载。

孙楚仕途不顺，但他并不逃避现实，相反仍然保有乐观态度。在他的诗赋中，很少有颓废厌世之调，而是充满了浓厚的生活气息和奋发精神。他的《登楼赋》对长安城内外景象的描述，便是一例。其中，"牧竖吟啸于阡陌，舟人鼓枻而扬歌。营巷基峙，列室万区，黎民布野，商旅充衢"数句，将长安城外的田园风光及城内市区景象，描写得历历在目、生动传神，充分表现了其对生活的热爱和对现实的追寻。

孙楚的送别之作也洋溢着对人生积极向上的精神态度。他的《征西官属送于陟阳侯作诗一首》便是这样："天地为我炉，万物一何小。达人垂大观，诫其苦不早。"诗充分表现了对死生的无虑，以及对征人的深切慰勉。

孙楚的一生，才华卓越，见识不凡，傲然不群，重义重情，敢抨时政。也许正因为如此，他的仕途才坎坷多艰。但是，他不改自我，不自甘堕落。他想得开，会给自己找乐子。正是因为他的潇洒和达观，才成了后世大诗人李白的偶像。李白和孙楚的爱好也惊人神似，李白爱登楼饮酒作诗，后世留下了"太白楼"；孙楚也常约金陵的朋友登高喝酒吟咏，当时的一座楼便名作"孙楚楼"。

魏晋是一个最坏的时代，也是一个最好的时代；一个最动乱的时代，也是一个思想活跃、最自由的时代。这个时代让人又爱又恨，却无法不为之着迷。孙楚心中的痛只有自己知道，但他依然潇洒过日子——真名士自风流。

分甘共苦真朋友

东晋时期的两个大男人应詹与韦泓一见倾心，同甘共苦，情昭明，被后世传之为佳话。

初，京兆韦泓丧乱之际，亲属遇饥疫并尽，客游洛阳，素闻詹名，遂依托之。詹与分甘共苦，情若弟兄。遂随从积年，为营伉俪，置居宅，并荐之于元帝，帝即辟之。自后位至少府卿。既受詹生成之惠，詹卒，遂制朋友之服，哭止宿草，追赵氏祀程婴、杵臼之义，祭詹终身。

永嘉之乱时，京兆人韦泓的亲人都因饥荒而死，韦泓从异乡来到洛阳，他很久以来都听闻应詹的名声，于是前来归附应詹。应詹与他同甘共苦、情同兄弟。韦泓随从应詹数年，应詹为他寻找妻子、建置居所,并向元帝推荐他,元帝立即起用韦泓,官至少府卿。韦泓受应詹接济生活及推荐为官的恩惠,应詹去世后,韦泓马上制作了朋友所着的丧服,直到墓上有了新草才停止哭泣,追慕古时候赵氏祭祀程婴、杵臼的节义,终身祭祀应詹。

应詹与韦泓,"分甘共苦,情若弟兄","分甘共苦"这个成语便出自于此,成语永远诠释着他们无比的真情和友谊。

有的人总是在帽子与银子的得失中权衡和挣扎,他们被眼前的利益束缚了太多、捆绑得太紧,以致无缘享受人与人之间的信任和爱护,也无法体味岁月的充盈与荣光。

人帮人,人抬人,人理解人,人成全人,我们的世界并非寂寥无声,我们还应当有真正的朋友。

风水大师和行为艺术家

读《晋书·列传第四十四》篇:"彝少孤贫,虽箪瓢,处之晏如。性通朗,早获盛名。"

桓彝身为传统儒学世家谯国桓氏的子弟,自小自然饱读儒学经典,服膺礼教。然而,在玄风大盛的东晋士族社会,古板保守的儒家行为是吃不开的。

为了挤入东晋上流社会,桓彝竟改弦更张,放弃了儒家教条,他附庸风雅幻化成了一个风格出挑的玄学青年。裸奔、酗酒、奇装异服、披头散发等时尚标志成了桓彝生活的标签。桓彝渐渐扬名,成了诸如谢鲲、羊曼、阮孚等社会名流喝闲酒必请的嘉宾。

当时，有个最有名的风水大师叫郭璞，他与恒彝是无话不谈的"基友"。两人情谊极深，恒彝常来郭璞家中做客。因为来得频繁且太熟了，恒彝也就养成了不敲门的习惯，经常随意就迈进了郭璞家的门。

郭璞郑重交代这个好朋友找他，有一个地方千万不能去，即茅房，不然两人都要因此丧命。恒彝十分信任郭璞的话，一直未犯戒。

然而世事难料，一次桓彝喝多了酒，就径直到了茅房，而此时的郭璞正在茅房里祭祀，作披头散发状。郭璞看到恒彝则是一脸的惊恐，他捂着心口说道："吾每属卿勿来，反更如是！非但祸吾，卿亦不免矣。天实为之，将以谁咎！"

听到郭璞这样说，恒彝的酒劲顿时惊醒了几分，也想到了郭璞对自己的告诫，但悔之晚矣。郭璞的预言确实实现了。公元324年，郭璞死于王敦之乱；三年后，恒彝被叛将所杀。

郭璞在两晋时期是一位名扬天下的才子，在如今的《辞海》中，依然能看到他留下的注释。而郭璞在风水学上的造诣更为出名，他可谓风水学的开创者，其撰写的《葬书》是中国第一部风水著作，是后世进行风水研究不可或缺的指南。

桓彝出生在书香家族，文武双才，凭借着不懈的努力成功上位，光耀门庭，政绩斐然。

郭璞被认为是抵抗王敦而殉节的，南京玄武湖边至今还有晋帝为其建的"郭公墩"；桓彝不仅是"行为艺术家"，更是一个忠贞包裹而亡的大将。

且不论这一对好"基友"之死的巧合，也不求郭璞语言的真伪，我们可以从史料中断定：郭璞和桓彝都是能人、异人、强人和好人，他们能给我们带来很多"正能量"。

看尽千帆过，笑眼万木春

《晋书》记载，蔡谟擅长医术，熟谙《本草》。他学识渊博很有谋略。他任征北将军时，建"镇守八所，城垒凡十一处，烽火楼望三十余处"以防备后赵。蔡谟的性格尤其厚重谨慎，往往事无巨细、事必恭亲做防范，所以时人说："蔡公过浮船，脱带把瓠系于腰间。"

蔡谟是个聪明人，他知道东海王司马越为人不行，如果跟在司马越身后，肯定没有什么好下场，所以他拒绝了与之为伍。为了避开战乱，蔡先生带着家人迁居到了江南。当时的将军司马绍晓得蔡谟的才名，想要聘请他入伙，而蔡谟这次同意了，因为他了解司马绍与司马越的不同之处。后来司马绍做了皇帝，蔡谟提前站队和"押宝"，自己也做了高官。

蔡谟谈吐非常睿智。王濛、刘惔却很轻视蔡谟。他们曾去看望蔡谟，谈了很久，竟问蔡谟说："您自己说说您比王衍怎么样？"蔡谟回答说："我不如王衍。"王濛和刘惔相视而笑，又问："您什么地方不如？"蔡谟回答说："王衍没有你们这样的客人。"

蔡谟也有闹笑话的时候。他也是个"吃货"，避乱渡江后见到蟛蚑，蔡君大悦背诵道："蟹有八足，加以二螯。"于是叫人煮来吃。吃完以后，上吐下泻，精神疲困，才知道这不是螃蟹。后来他向谢尚说起这件事，谢尚说："你呀《尔雅》读得不熟，几乎被《劝学》害死。"这是说蔡谟没有读到《尔雅》中的"蟛蜞小者劳"。因此趣事，蔡谟成了历史上唯一一个没吃上螃蟹，却因螃蟹出了风头的人。

蔡谟在大局观上是一个知进退的人。在被免官废黜后，便闭门不出，终日讲经来教授子弟。数年后，褚太后下诏任命蔡谟为光禄大夫、开府仪同三司，并派谒者仆射孟洪就在蔡谟府中加以册拜。蔡谟上疏表示谢意，托辞病重，从此不再朝见。朝廷下诏赐蔡谟几杖，允许在家门前放置行马。

蔡谟弱冠举孝廉，后避乱渡江，历经五朝，累官至司徒。他为官清廉，反对奢华，生性笃慎，三省其身。难能可贵的是，他不仅活得向上、正直和细致，更是有趣、丰富和智慧。

一个人的阅历和见识，决定了他看问题的格局和高度。多年游走尘世间，蔡谟在人生落寞时选择了一个"授人以渔"的教学职业，且不为名利和权势所动，实在是一个清醒懂取舍、执着干点事的人物。有道是：看尽千帆过，笑眼万木春。

顺境不飘

有的人一生一路绿灯，有的人一世命运多舛，古今皆如此。

谢尚是东晋时期名士和将领谢安的堂兄弟。他从小就很孝顺，七岁时兄长去世，他哀恸的感情超出礼法，亲戚无不感到奇异。八岁时，更显得聪明早熟。其父谢鲲曾带谢尚为宾客饯行，有客人说："这小孩子是座中的颜回啊。"谢尚应声答道："座中没有仲尼，怎能辨别出颜回！"一席的宾客没有不惊叹的。

谢尚十多岁时，他父亲谢鲲去世。当时丹阳尹温峤来谢尚家吊唁，谢尚号啕大哭，哀伤至极。其后擦干眼泪诉说经过，举止言语异于平常的孩童，温峤十分看重他。

谢尚成人后，更是聪明坦率、智慧超群，其分辨、理解的能力尤为突出。他行为洒脱、不拘细节且不做流俗之事。他起先喜欢穿绣有花纹的衣裤，叔伯长辈们责怪他，他因此改掉了这一嗜好，令长辈们非常欣慰。

曾经有人拿别人来和谢尚并列，桓温道："诸位不要轻易评论，仁祖（谢尚字）跷起脚在北窗下弹琵琶的时候，确是有飘飘欲仙的味道。"

身边人最有发言权。宋祎曾经是大将军王敦的侍妾，后来又归属于谢尚。谢尚问宋祎："我和王敦相比怎么样？"宋祎回答说："王比使君，田舍贵人耳。"意思是王敦和谢尚相比，只是农家儿比贵人罢了。

像谢尚这样的人，长得好，又是文武全才；运气好，又是皇亲国戚。他继承父亲的遗风，努力经营家族，成就了谢氏一脉的荣耀与显赫，绵延数百年。他既当之为儒玄风骨之人，又可为风流时尚巨匠。从小到大，他都生活在光环和庇佑中。谢尚的一生，是顺利的一生，是传奇的一生。生得好既是荣耀，也是责任和压力，谢尚没有成为纨绔子弟，在大好环境下找不着北，自然有他自己最清楚的努力和选择。

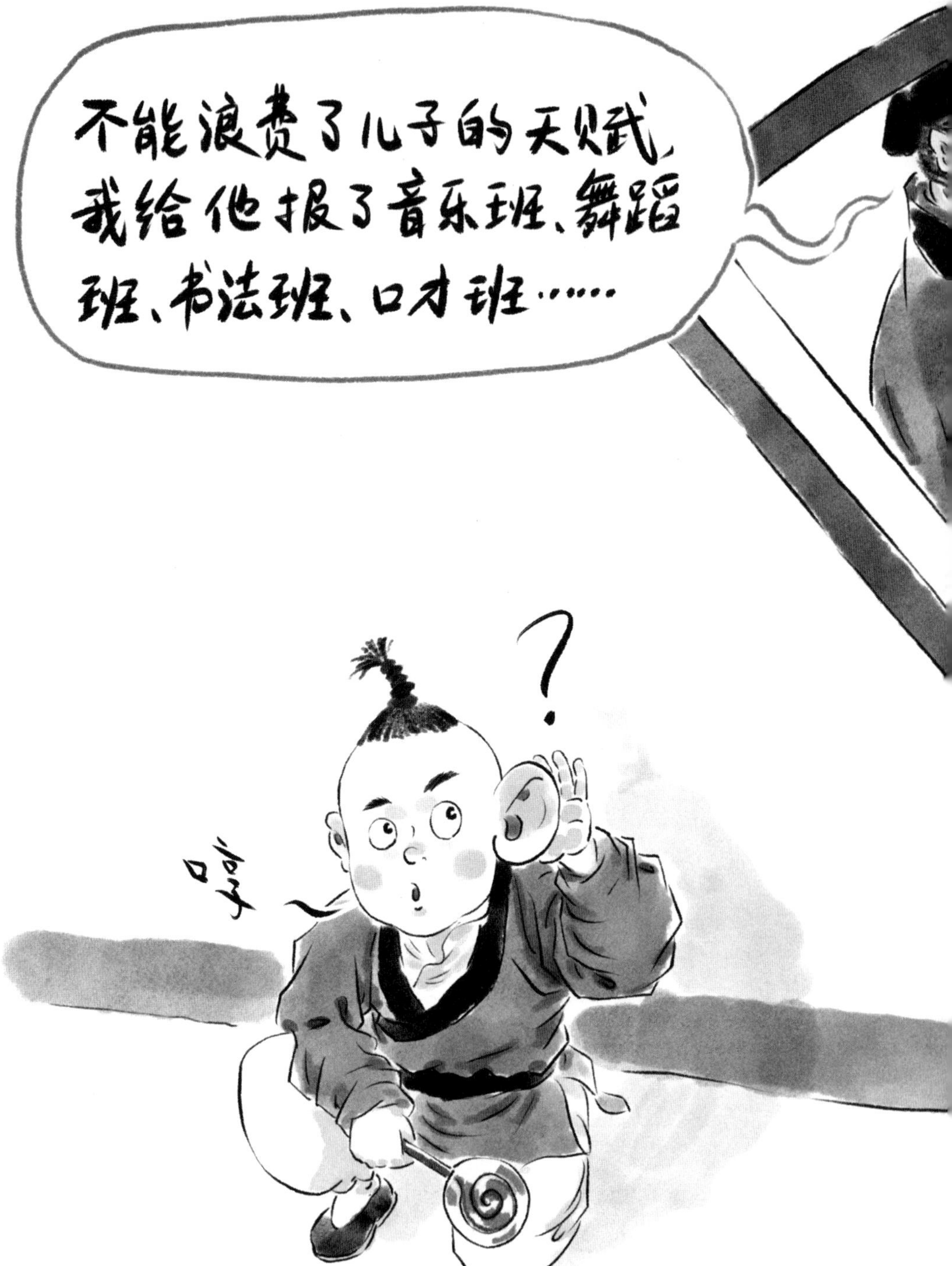
不能浪费了儿子的天赋，我给他报了音乐班、舞蹈班、书法班、口才班……
?
哼

顺境不飘　151

王羲之的书法是怎样练成的

"书"圣"王羲之家世显赫,世代簪缨,自己也做过将军,史称"王右军"。他性情豪爽,俊逸潇洒,学富五车,积极向上。

王羲之的父亲是书法家和政治家,也是司徒王导的侄子,很受器重。太尉郗鉴派门生向王导求女婿,王导让他到东厢房去挨个观看王家子弟。门生回来后,对郗鉴说:"王氏诸少都很好,可是听到这个消息,都很矜持。唯一人在东床坦腹食,独若不闻。"郗鉴说:"这正是佳婿!"探问得知,他就是王羲之,于是将女儿嫁给他。

王羲之不爱当官,决意称病去职,在父母墓前发誓说:

"知足而止的名分，就在今天决定了。从今以后，如果胆敢改变这种想法，贪图名利，苟且进身，就是有目无尊长之心而不合于人子之道。子孙而有不合于人子之道，为天地所不容，礼教所不容。"

去官后，王羲之与东方人士尽情游山玩水，渔猎取乐。他还和道士许迈一起研究丹药，不远千里采集药石，遍游东方诸郡，登遍名山，泛舟沧海，并感叹说："我最终将游乐而死。"朝廷因为他的誓言发得很毒，也就不再征召他。

王羲之的书法在后世才出名，甚至被后来人封为"书圣"。在魏晋及后世很长的时间里，王羲之只是一个富有风流的文化人而已。

王羲之成长环境和家教熏陶非常好，他的老子、老婆、岳父等许多亲戚的书法都很牛。他平生洒脱、淡然、闲庭自若、率性而为，同时他的性情高标、傲世、超迈、不重虚名、不落窠臼，他多才多艺又有政治眼光，他纵情山水又与世俗不谐，他有着"卒以乐死"的人生达观。

王羲之按照我心写我手，我手写我字，终为后世推上书坛的至高"金交椅"。时代背景和家庭文化成就了他，个人素养和丰富经历成就了他，个人性格更成就了他。

性格和时势

性格与才能哪个更能决定一个人的命运？当然是性格。

东晋大臣、外戚王恭自少就有美誉，清操过人，心怀宰辅之志。但在当时的政治环境下，王恭直言不讳的性格，注定了其命之不堪，先是因为官小而不能彰显其才能和志向，故称病辞官，后又得罪了会稽王司马道子，最终事败被捕而死于非命。

《晋书》记载，司马道子召集朝士开酒宴，尚书令谢石因酒醉而唱起民间歌曲，被王恭严正指责。又一次因司马道子喜爱淮陵内史虞珧儿媳妇裴氏，令她与众宾客谈论，然而因为裴氏服食丹药，身穿黄衣，样子如天师道道士一样，所以当时人以与她谈论为"降节"之举。王恭亦因而抗议道："未听闻过宰相座上会有失行妇人。"言罢，坐上众人皆显得不安，司马道子让王恭怼得也没有颜面。

王恭自认为身无长物。一次，王忱探望从会稽回来的王恭，见他坐着一块长六尺的竹席，于是请求王恭送他一块。王恭竟将那块坐着的竹席送给王忱，自己则只坐在荐上。王忱知道后大惊，说："我以为你有多余的，才向你求席。"而王恭则答："你不了解我啊，我为人身无长物。"

王恭不齿于权贵。一次，王恭与王忱一同到何澄家里做客，但他们在席间闹得不愉快。当时王忱受宠于司马道子，与王恭有隙。王忱劝王恭饮酒，但王恭不喝，王忱坚持并强来，并各自拿起对方裙带似乎要打起来。邀酒局的主人何澄见此没有办法，只好坐在两人之间分开他们，才平息了一场酒后斗殴事件。

王恭和王忱都姓王，但并非直系血亲。王恭是名士王濛的孙子，王忱是大臣王坦之的儿子。王恭和王忱一时齐名，但性格和价值观趋向各不相同。王恭方直严肃，有点"一根筋"，王忱则自由不羁，以饮酒浪漫的阮籍为榜样。二者关系一向是不错的，后来的冲突表面上看是性格使然，实际上是二人"站队"不同，同时因为二人的性格反差太大，以致走向"裂变"。

当朝老大孝武帝娶了王恭的妹妹，而专权的宰相司马道子与王国宝臭味相投，王国宝把表妹嫁给了司马道子，王忱是王国宝的一母同胞。大咖皇帝和宰相分别与两股同为太原王氏的力量联姻了，王恭被皇帝封了大官，而王忱也被宰相势力提拔为荆州刺史。阵营不同，站队不同，二人在酒局上的"对立"绝对不是偶然的。谁知风云变幻，宰相一方得势了，王国宝伪造孝武帝遗诏欲杀王恭，就这样王恭的悲剧开始了，王恭死了，东晋后期二十多年的动乱也开始了……皇权和宰相的博弈，性格和性格的对冲，王恭先生可惜了！

性格和时势

看人不可貌相

西晋太康年间,有一位其貌不扬的文学家左思,他写了一部《三都赋》,在京城洛阳广为流传,一时间,"豪贵之家,竞相传写,洛阳为之纸贵"。

然而,《三都赋》名满天下,却是历经曲折,没有皇甫谧、张载等伯乐识才,也许这篇《三都赋》仍然是一堆废纸。

《晋书》记载,左思的父亲自小就一直看不起他。父亲左雍慢慢做到御史,他见儿子"貌寝口讷",显出一副痴痴呆呆的样子,常常后悔生了这个儿子。及至左思成年,左雍还对朋友们说:"思所晓解,不及我少时。"

左思不甘心受到这种鄙视，开始发愤学习。读过东汉班固的《两都赋》和张衡写的《两京赋》，左思学习吸收的同时，也看出了前者理胜其辞，后者文过其意，都有虚而不实、大而无当的弊病。他决心从事实和历史出发，写一篇《三都赋》，把三国时魏都邺城、蜀都成都、吴都南京写入赋中。

左思之前写《齐都赋》，写了一年才写成。再想写《三都赋》，恰逢妹妹左棻被召入宫中，左思全家搬到京城。于是左思开始收集大量的历史、地理、物产、风俗人情的资料。"遂构思十年，门庭藩溷，皆著笔纸，遇得一句，即便疏之。"这篇凝结着左思心血的《三都赋》终于写成了！

起初，大文豪陆机到了洛阳，想写《三都赋》，听说左思也在写《三都赋》，就抚掌而笑，在给弟弟陆云的信中说："这里有一个粗鄙之人，想写《三都赋》，等他写成之后，我将用它来封盖酒瓮呢。"及思赋出，机绝叹伏。陆机认为自己无法超越左思，遂辍笔焉。

人们常常佩服才貌双全的人，但这样的人毕竟是少数。庞统没有孔明儒雅帅气，才学却一点都不逊色；历史上花间派词人鼻祖温庭筠长着"外星人"的相貌，有人调侃把其挂在门口可以辟邪，挂在床头可以吓跑小偷，但他号称"温八叉"，意思是说八次叉手的时间就可以写一篇妙文；李贺写的诗文被誉为鬼仙之辞，但身为鬼仙的他却长相奇丑无比；外表丑陋不堪又是近视眼的纪晓岚，却是时代的能人和"红人"；西晋是一个看脸的时代，当时的美男子比比皆是，美男子潘安出门被美女争相握手，而左思一样出去游玩因丑陋而被众女人吐口水……

左思耗时十年，这是刻骨铭心的十年，这是砥砺蛰伏的十年，十年写就《三都赋》，名动天下众人拜。

颜值高固然可喜，相貌平平也是自我。左思的故事应该让我们"左思右想"：人生真不能看脸，奋斗者最为美丽。

神僧来得正是时候

读《晋书·佛图澄传》，深感佛图澄的神奇，他堪称最厉害的"传道士"。

西域僧人佛图澄年少出家，活了116岁。晋怀帝永嘉四年，佛图澄来到洛阳，时年已79岁。他能诵经数十万言，善解文义，虽未读中土儒史，但与诸学士论辩疑滞，无能屈者。佛图澄重视戒学，平生"酒不逾齿、过中不食、非戒不履"，以此教授徒众，并以神奇异能闻名中国。

佛图澄是真正的高僧。他先是感化石勒，减少人间杀戮。扫荡西晋的将军石勒，在乱世中建立了自己的政权，即东晋十六国之中的"后赵"，石勒也成为了中国历史上唯一的一个奴隶出身的皇帝。石勒喜好通过无度杀人来展示其威严,有很多沙门弟子被他残忍杀害。

佛图澄感念苍生苦楚,他想通过弘道来感化石勒。石勒手下有将军叫郭黑略,素来信奉佛法。佛图澄拄杖前来拜谒郭将军,郭将军在佛图澄那里受戒,佛图澄则以弟子之礼相待。自那以后,每次石勒领兵出征前,郭将军都能准确预测出胜负。

石勒问郭将军:"我看你也不是什么聪明人,怎么知道行军吉凶的?"郭将军便为石勒引荐了佛图澄。石勒问佛图澄:"佛法有什么灵验的?"佛图澄心知石勒不解深理,便向他展示了秘术。可以说,面对石勒这样的根器,佛图澄也只好变变戏法了。佛图澄取来清水,烧香念咒,水中盛开青莲,发出光芒,顿时令石勒信服。接着,他便劝谏石勒,若君王行仁德,则天将降祥瑞。于是石勒释放了众多被无辜抓来的百姓。

佛图澄能够知人心意,预测吉凶。有一回,他让郭将军告诉石勒,小心有贼人来索命。晚上,果然贼人光临,因为石勒提前做好了准备,抓住了贼人。石勒性情反复无常,他有心试验佛图澄,于是派杀手悄悄接近佛图澄,准备暗杀他。佛图澄跑到郭将军那里躲了起来。石勒派去的杀手没有找到人,石勒也没找到他,又心想:"圣僧生气了,要离我而去。"石勒为此很懊恼。

次日，佛图澄却亲自拜访石勒。他告诉石勒，之前知道你想杀我，我姑且躲起来，现在知道你不想杀我，我才敢来拜见你。从此，石勒对待佛图澄非常尊敬，将他拜为国师。

后来，石勒死后，石虎成为新的君主，佛图澄继续展示自己的神奇异能。一日，佛图澄正与石虎对坐说法，佛图澄突然说："不好！"说话间随即转身，端起酒杯向幽州城方向泼去。佛图澄笑着对石虎说："百里之外的幽州城发生了火灾，现在大火已经熄灭了！"

石虎派遣使者前往幽州城验证，数日后使者从幽州城回来说："那一天，幽州四大城门真的燃起了熊熊大火，正当人们惊慌失措之际，忽然天空中飘来一阵乌云，接着天上降下了倾盆大雨，扑灭了大火，雨中还飘着浓浓的酒味。

最后，佛图澄预感到后赵将要灭亡，便先给自己挖好了坟墓，独坐其中。他对众弟子说："在后赵大乱之前，我先走了。"说完就在墓中圆寂了。

神僧佛图澄堪比济公活佛，硬是凭一己之力让历史上两位暴君对其崇拜，而且还让佛教这个舶来品首次在中华大地上被尊为国教。倘如真的如此，这个和尚堪比神仙。佛图澄是史上记载神迹最多的和尚，他当时宣扬佛法的时代正是史上最乱的时期。佛法向善，特别劝人"止杀"，中国人信佛法也从那时始，这应该是其中的"玄机"吧！

身残不打紧，心残太可怕

人自身的生理残疾对自己一生的影响不容小觑，有时可能会演变成心残……十六国时的苻生就是这样一个人。

《晋书》记载，苻生是十六国时期前秦帝国第二位皇帝，自幼独眼，力举千钧，击刺骑射，冠绝一时。前秦建立后，苻生受封淮南王。皇始五年（355年），正式即位。尽诛顾命大臣，杀害国舅强平。残忍暴虐，中外离心。

苻生从小就很无赖，所以他的祖父苻洪很讨厌他。苻生自幼少一只眼，苻洪开玩笑，问侍者说："我听说瞎子一只眼流泪，是真的吗？"侍者回答说是。苻生当即发怒，用佩刀刺自己脸上，直到流出血来，说："这难道不是眼泪么？"苻洪大吃一惊，用鞭子抽打苻生。苻生说："生来不怕刀刺，岂能受不了鞭打！"苻洪说："你再这样下去，我就把你贬作奴隶。"苻生说："难道像石勒不成？"苻洪听后害怕，对苻生的父亲苻健说："这孩子很凶残，要及早除掉他才好。"苻健听了兄弟苻雄的劝阻才作罢。

苻生当了前秦的皇帝，一直荒唐之极。一天，苻生在太极殿召宴群臣，命尚书辛牢为酒监，令极醉方休。群臣饮至尽醉，辛牢恐怕群臣过醉失仪，劝酒不是很积极。苻生大怒："你为何不劝人饮酒，不见还有在那里坐的吗？"话音未落，

手中已取过弓箭射去，一箭射穿辛牢的脖子。群臣吓得魂魄飞扬，不敢不满觥强饮，最后皆醉卧地上，呕吐物一身一地。

苻生闲暇时问左右："我自临天下以来，外人怎么说我？你们应有所闻。"有人回答说："陛下圣明宰世，天下惟歌太平。"苻生怒叱："你竟敢阿谀！"立即杀死。隔日又问，左右不敢再谀，说苻生有点滥刑。苻生又骂："为何诽谤！"也当即处斩。其臣下皆度日如年。在朝的宗室、勋旧、亲戚几乎都成了残疾，一时人心惶惶，道路遇上不敢说话，只用眼神示意。

苻生不仅残暴，竟还是个变态的"醋罐子"。一次，苻生与爱妻登楼远望，其妻指着楼下一人问苻生此人是谁。苻生看见是美男子尚书仆射贾玄石，心里禁不住惹起醋意，便回头问其妻："你难道看上了此人吗？"说着便解下佩剑交给卫士，令他取贾玄石的首级。苻生将贾玄石的头放在其妻手里说："你喜欢就送你好了。"其妻又怕又悔，只好匍匐在地上请罪。幸好其妻正被苻生宠爱，才侥幸拣回一条命。

苻生由一只眼的缺陷开始，独、狠、暴，无所不用其极，令人难以承受。苻生在位两年即被苻坚兄弟推翻了，这才终止了其荒唐而凶顽的人生，苻生被勒死在监狱，年仅二十三岁。

苻生是嫡子继位，而苻坚是篡位，篡位是为不正，后世很多人以为苻生是被冤枉的。不管历史的真相如何，在后史的文字描述中，这个独眼皇帝将暴政推向了一个历史新高度，他或许是出于身残的病态心理，以杀人为乐，以杀动物寻快感，甚至于剥活人面皮并使之歌舞，可谓毫无人性。

身残志坚难能可贵，身残心也残非常可怕。

薛仁贵"贵"在有好妻

跟着唐太宗李世民的众多第一代名将慢慢地淡出了历史舞台,第二代名将陆续出场了,薛仁贵正是其中代表性的一员。

薛仁贵是大勇之人。他于贞观末年投军,随征高丽,受唐太宗拔擢。自此征战数十年,曾大败九姓铁勒,降服高丽,击破突厥,功勋卓著,留下了"良策息干戈""三箭定天山""神勇收辽东""仁政高丽国"等典故。唐太宗曾经欣喜道:"朕不喜得辽东,喜得卿也。"

《旧唐书》记载:永徽五年,高宗幸万年宫,甲夜,山水猥至，冲突玄武门，宿卫者散走。仁贵曰："安有天子有急，辄敢惧死？"遂登门桄叫呼，以惊宫内。高宗遽出乘高，俄而水入寝殿，上使谓仁贵曰："赖得卿呼，方免沦溺，始知有忠臣也。"于是赐御马一匹。

说的是永徽五年夏，唐高宗李治巡幸万年宫，薛仁贵护驾从行，天降大雨，山洪暴发，大水冲至万年宫北门即玄武门，守卫将士尽皆逃散，身在万年宫的李治处境危险。薛仁贵愤怒道："哪里有天子情况紧急，宿卫之人立即就怕死逃跑的？"于是登上宫门大声呼喊，向内宫报警，高宗迅速出宫登上高地。不久，大水淹没李治的寝宫，李治感叹道："全靠你才避免危险，方知真是忠臣啊。"于是赏给薛仁贵一匹御马。

薛仁贵这样的大勇之将绝对是国家的栋梁，打了一世胜仗，巩固和扩大了国家疆域，还在关键时刻完全不顾个人安危，忠心耿耿，护驾救主。

其实，三十岁之前的薛仁贵还一无所有、一无是处。柳氏是当地大户人家的千金，这个女人甘愿跟着薛仁贵过苦日子，甚至于与横加阻挠的父亲三击掌而断绝父女关系。柳氏怂恿丈夫去从军，好男儿不应贪恋小家，而应该志在四方。薛仁贵从微末做起，一路开挂成就一代战神。

"寒门出贵子，白屋出公卿。"薛仁贵从事军事生涯四十年，一直未出现指挥上的失误，平生只败过一次，成为一个了不起的军事家。这纵然因为他自身的能力和机遇使然，但我们不要忘了，没有"贤内助"柳氏的慧眼识珠和推波助澜，或许就不会有薛家这个穷小子的名头和功业。

做官读书两相宜

孔子曰:"学也,禄在其中矣。"很多人学而优则仕,但一旦成功后,认真读书和苦心治学却常常不复以往之精神。

为官者不再苦读,或许是因公事缠身,难有空闲;或许是心境羁绊,难以安静。

当然也有例外,唐朝大臣马怀素便是明证。他从小就爱读书,家贫点不起灯,"朝为田野郎,暮登天子堂",马怀素始终如一。

《旧唐书·马怀素传》记载:怀素虽居吏职,而笃学,手不释卷,谦恭谨慎,深为玄宗所礼,令与左散骑常侍褚无量同为侍读。每次阁门，则令乘肩舆以进。上居别馆，以路远，则命宫中乘马，或亲自送迎，以申师资之礼。

意思是说马怀素虽然身居官职，却非常喜爱学习，手不释卷，谦恭谨慎，极为唐玄宗所尊敬，令其与左散骑常侍褚无量一起作为侍读。每次从旁门进来，都要他们坐着大轿。皇上居住在别馆，由于路远，则令其可在宫中乘马，有时候亲自送迎，以表尊师之礼。

唐玄宗高看读书的大臣，大臣便尽心尽力为江山社稷谋事。当时，秘书省的典籍散落，条目无法叙述，马怀素上书说："南齐以前的典籍已埋入土里，王俭编的《七志》很陈旧。近来发行的有些书，以前史志缺乏的又没有编入，有些是近人相传，浮词浅鄙却还记载。"唐玄宗于是诏令研究此方面的学者国子博士尹知章等人，分部撰写，并且刊正经史，粗创首尾。

家境贫寒但对儿子抱有无限期望的马怀素的父母也不是一般的家长，他们为儿子取名"怀素"，"怀"为胸怀，"素"者本色。马怀素也不负父母所望，一生持续性学习，但更厉害的是如同其名一样为人处事。他为官不忘初心、牢记根底本色，唯法而不唯上，唯事实而不唯妄说，坚持公平正义、持平宽仁，时称"执法平恕"。即使面对武则天指使办冤案，即使为官用权也实事求是。马怀素为官为人，充分折射了他忠于职守，唯法不唯上的"怀素""唯白"的本色，连一代女皇武则天也被他的执着和雄辩所折服。

马怀素去世后，"上特之为举哀，废朝一日"，这份荣光也足以让其含笑九泉了。

天下莫能与之争

唐朝神仙宰相李泌或许是中国历史上为数不多的大聪明人之一,可谓晚唐高官中一位受人瞩目且最不落俗套的人物。欧阳修等评价他:泌之为人也,异哉!其谋事近忠,其轻去近高,其自全近智,卒而建上宰,近立功立名者。

事实上,李泌少年时即以"神童"名闻天下;"及长,博学,善治《易》,常游嵩、华、终南间",言神道之术,与皇帝、太子作布衣交,历四朝(玄、肃、代、德),事三君(肃、代、德)。先后四次被排挤出朝,每次又都被重新起用。

李泌七岁时的思想已经超乎常人,异于常态。开元十六年（728年），李泌因机遇巧合，受到了唐玄宗的召见。他入宫时，玄宗让正与自己下棋的燕国公张说试试李泌的能力。张说请李泌以"方圆动静"为题作赋，李泌思考片刻，问："希望知道其中的大略。"张说便说："方就像棋局，圆就像棋子，动就像活棋，静就像死棋。"李泌立即回答："方就像行义，圆就像用智，动就像施展才能，静就像感到满意。"张说听后，祝贺玄宗得到了一位神童。玄宗也非常高兴，对李泌大加赏赐，命李家对他善加抚养。

年轻时的李泌已经表现出非常正直的骨气。宰相张九龄

特别喜爱李泌，常常把他请到卧室内交谈。张九龄与大臣严挺之、萧诚交好，严挺之厌恶萧诚的谄媚，劝张九龄谢绝与萧诚的来往。张九龄忽然自己念叨说："严挺之太刻板刚直，而萧诚软美可喜。"正要命令左右的人唤来萧诚，身旁的李泌马上说："您以布衣入仕，又因正直位至宰相，却喜欢阿谀之人吗？"张九龄听后，非常惊讶，急忙改容认错，并称他为"小友"。

《旧唐书·李泌传》记载：泌放旷敏辩，好大言，自出入中禁，累为权幸忌嫉，恒由智免；终以言论纵横，上悟圣主，以跻相位。

李泌一直担任宫廷内外要职，侍奉过四代君王，屡屡为权贵所忌恨，常常靠他的才智过人而幸免。李泌喜欢高谈阔论，常有公正议论，能让人主醒悟而改变主张。他亦常持黄老鬼神之说，以致被人非议。

李泌持黄老鬼神之说，既是他超凡脱俗的表现，更是他自我保护的秘诀。李泌一生崇尚出世无为的老庄之道，视功名富贵如敝屣，所以在肃、代两朝数度坚辞宰相之位，远离朝堂，长年隐居于衡山。

李泌深得帝王的信任,"出为高士,入为卿相"。因披着修道的外衣而被后世所轻,但李泌是肃宗、代宗、德宗三朝实际上的宰相,是四代帝师的老臣,为大唐屡建奇功,社会经验与智慧超然,与领导关系融洽又能巧妙进行互动。最可贵的是,李泌事了拂衣去,深藏功与名,活脱脱一个"出世"和"入世"皆为楷模的人物。李泌努力干事,又以修道为掩护,实是最懂"不争"之智慧,夫唯不争,而天下莫能与之争。

"崇敬"定力

真正有学问的人,应该心性笃实,有足够的定力面对环境的变化与冲突。

唐代学者归崇敬年少勤学,以经业擢第,治礼家学,多识容典,是一个气定神闲的学者。历史上留下了他不少传奇的故事。

《旧唐书·归崇敬传》记载:大历初,以新罗王卒,授崇敬仓部郎中、兼御史中丞,赐紫金鱼袋,充吊祭、册立新罗使。至海中流,波涛迅急,舟船坏漏,众咸惊骇。舟人请以小艇载崇敬避祸,崇敬曰:"舟中凡数十百人,我何独济?"逡巡,波涛稍息,竟免为害。故事,使新罗者,至海东多有所求，或携资帛而往，贸易货物，规以为利。崇敬一皆绝之，东夷称重其德。

说的是大历初，因为新罗王去世，归崇敬充任吊祭册立新罗王的使者。海上风大浪高，船几乎被毁坏，众人吃惊，商量用一只小船载他先走以免身死，归崇敬回答说："如今同船的有几十上百人，我怎么忍心独自渡海呢？"一会儿，风停了，众人皆安。此前，出使新罗的人都携带很多钱财，用来贸易货物以获利。归崇敬则坚决不这样做，因此东夷人都传颂他清廉的德行。

归崇敬面对天灾如此安稳，面对人祸也很泰然。大历八年，朝廷派遣他祭祀衡山，还没到，哥舒晃却在广州叛乱，监察御史害怕了，请求遥望衡山祭祀就回去，归崇敬表情严肃地说："有皇帝的命令难道也畏惧吗？"于是坚决前往。

其实，外部环境的变化常常是不可控的，在遇到事情的时候，唯有自己内心坚定，不因外部变化而惊惶失措，一个人才有可能逢凶化吉，乃至转危为安。苏洵在《权书·心术》总结得更好：泰山崩于前而色不变，麋鹿兴于左而目不瞬。意思就是说保持镇定和冷静，才能够全面、充分、客观、理性地发现和解决问题。无疑，归崇敬就是具备这种心态的模范。

出走半生，归来仍是少年

李白、杜甫、苏轼等许多诗人纵然满腹经纶，但大都命运多舛，壮志难酬，即使一度风头无两，但终归不尽人意、处处凄凉。

唐朝诗人贺知章却是个例外。他生逢盛世、仕途顺利，贺知章在诗歌中没有飘零哀叹，没有愤世嫉俗，反而旷达雍容，自然逼真，朴实清新，意蕴深远。

《旧唐书·贺知章传》记载：知章性放旷，善谈笑，当时贤达皆倾慕之。工部尚书陆象先，即知章之族姑子也，与知章甚相亲善。象先常谓人曰："贺兄言论倜傥，真可谓风流之士。吾与子弟离阔，都不思之，一日不见贺兄，则鄙吝生矣。"

意思是贺知章性情豪放旷达，谈笑风生，当时贤人达士都很倾慕他。工部尚书陆象先，是知章族姑的儿子，与知章很亲密友善。象先常对人说："贺兄言谈举止潇洒倜傥，真可以说是风流之士。我与子弟阔别都并不思念，而一天不见贺兄，便生浅俗吝啬之念。"

贺知章晚年更加豪纵放诞，不拘礼法，自号"四明狂客"，又称为"秘书外监"，常邀游于里巷之中。醉后写作诗文，动辄成卷轴之作，文不加点，都卓然可观。又善长于草隶书法，常常有喜爱书法的人供给他纸张笔墨，他便挥毫题写，一气呵成，每张不过数十个字，人却都予以流传珍藏。

暮年的贺知章因病而精神恍惚，便上疏请予剃度为道士，要求返回乡里，还捐出本乡住宅作为道观。

唐玄宗答应了贺知章的请求，授予他儿子典设郎贺曾会稽郡司马之职，让他好好奉养父亲。贺知章离京时，皇帝亲自做诗相赠以送行，皇太子以下官员都前往告别。

回乡后，贺知章写下《回乡偶书二首》，其一便是"少小离家老大回，乡音无改鬓毛衰。儿童相见不相识，笑问客从何处来。"诗句朴实无华、脍炙人口，为人千年传诵，成为恒远经典。

贺知章在这首诗里表达了自己迟暮归乡的心情，出走半生，归来仍是少年，活脱脱一个快乐而豁达的老顽童。未几病逝，长寿八十六岁。后人评价贺知章：但行好事，不问前程；人情练达，世事洞明。

贺知章也是李白的伯乐，李白写下《对酒忆贺监二首》深深地吊唁贺公，真挚地表达了两人"忘年交"的至深情谊：四明有狂客，风流贺季真。长安一相见，呼我谪仙人。

纵览古今多少人，人生大赢家看季真。

当今颜回在何方

颜回生活清苦而能安贫乐道，终生未仕而好学不倦，颜回一生追随孔子学说，并身体力行。孔子称赞他："贤哉，回也！一箪食，一瓢饮，在陋巷，人不堪其忧，回也不改其乐。"颜回正是读书人应有的样子。

唐代有个一行和尚，谥号"大慧禅师"，当时被人称为再生颜回。

《旧唐书·一行传》记载：一行少聪敏，博览经史，尤精历象、阴阳、五行之学。时道士尹崇博学先达，素多坟籍。一行诣崇，借扬雄《太玄经》，将归读之。数日，复诣崇，还其书。崇曰："此书意指稍深，吾寻之积年，尚不能晓，吾子试更研求，何遽见还也？"一行曰："究其义矣。"因出所撰《大衍玄图》及《义决》一卷以示崇。崇大惊，因与一行谈其奥赜，甚嗟伏之。谓人曰："此后生颜子也。"一行由是大知名。

一行和尚年轻时聪慧机敏，博览群书，特别精通天文历法、阴阳、五行的学问。当时有个名叫尹崇的道士是位学识渊博的前辈，藏有许多古典书籍。一行去找尹崇，借来扬雄的《太玄经》，带回家阅读。过了几天，再到尹崇那里，归还《太玄经》。尹崇说："这本书涵义很深，我探讨了多年，还没能弄明白，你再研读看看，怎么这样快地还给我？"一行说："我已弄清它的涵义了。"说完拿出他撰写的《太衍玄图》和《义决》一卷给尹崇看。尹崇大为吃惊，就同一行讨论它的深奥意蕴，非常叹服他，对别人说："这人简直就是当今的颜回。"一行从此很有名气。

难能可贵的是，一行矢志于学问，对官场避而远之。

武则天的侄子武三思艳羡一行的学问名望，亲自上门要求跟他交个朋友，一行逃走躲藏起来回避他，不久出家当和尚，隐居在嵩山，并拜普寂和尚为师。

唐睿宗李旦登位，命令东都洛阳留守韦安石按照礼仪征召一行，一行假托生病坚决谢绝，不接受命令。后来，一行徒步走到荆州当阳山，依附悟真和尚学习佛经戒律。

读书就是最好的修行。书中自有黄金屋，一心求道做学问。

看今滚滚红尘中，似乎很难觅颜回。

未经许可，不得以任何方式复制或抄袭本书之部分或全部内容。
版权所有，侵权必究。

图书在版编目（CIP）数据

古文今观．观己/燕园春秋著．—北京：电子工业出版社，2024.5
ISBN 978-7-121-47829-1

Ⅰ．①古… Ⅱ．①燕… Ⅲ．①人生哲学－通俗读物 Ⅳ．①B821-49

中国国家版本馆CIP数据核字（2024）第092936号

责任编辑：潘　炜
印　　刷：北京瑞禾彩色印刷有限公司
装　　订：北京瑞禾彩色印刷有限公司
出版发行：电子工业出版社
　　　　　北京市海淀区万寿路173信箱　邮编：100036
开　　本：720×1000　1/16　印张：34.5　字数：315千字
版　　次：2024年5月第1版
印　　次：2024年5月第1次印刷
定　　价：208.00元（全三册）

凡所购买电子工业出版社图书有缺损问题，请向购买书店调换。若书店售缺，请与本社发行部联系，联系及邮购电话：（010）88254888，88258888。
质量投诉请发邮件至zlts@phei.com.cn，盗版侵权举报请发邮件至dbqq@phei.com.cn。
本书咨询联系方式：（010）88254210，influence@phei.com.cn，微信号：yingxianglibook。

燕园春秋 —— 著

古文今观

观天下

电子工业出版社
Publishing House of Electronics Industry
北京·BEIJING

目录

"揠苗"不"耕苗",欲速则不达　　　　　　　　007

庄子与惠子是一对"好友"　　　　　　　　　010

学习识人和辨人　　　　　　　　　　　　　　014

宋襄公的仁义和迂腐　　　　　　　　　　　　017

天下男人的榜样　　　　　　　　　　　　　　021

低调能自保,低处为最高　　　　　　　　　　026

每个人都需要一个鲍叔牙　　　　　　　　　　032

"鸡鸣狗盗"也许会派上大用场　　　　　　　035

春申君不应该毁于一场"不期而至"　　　　　039

田子方是真正的国师　　　　　　　　　　　　043

自以为是者不知乌之雌雄　　　　　　　　　　046

被点天灯的猛人董卓死有余辜　　　　　　　　049

强占豪夺造业因必有业果　　　　　　　　　　052

劝女婿不戴贵重头巾的唐文宗	055
四岁让梨、十岁不让人的孔融	058
人生要明白为啥折腾	063
曹操也有伯乐助	066
有求于人的李白	069
人人都是伯乐和千里马	073
丑人多作怪的贾南风	076
孙秀和司马伦相互"成就"	080
性格决定命运	083
死要"面子",自己给自己使"绊子"	088
既生裕,何生毅	091
廉吏不惧"贪泉水"	094
"妄人"机遇好,躺平躺不赢	097

目录

真正的苻坚	100
智者可以借力而为、借势成事	103
人性与利益	107
理解李治很容易	110
运气和实力	113
皇帝哥哥宁有种乎	116
隋唐之间剪不断、理不乱	120
什么是高情商	123
德不配位	126
居高声远何需借秋风	130
能变通时宜变通	133
程务挺"站队"有错吗	137
桓彦范会不会后悔	140

生不逢时奈若何	146
骑在人民头上的下场	149
"老大"都喜欢"老郭"	152
历史上的"李勉"寥若晨星	156
蜀人尤喜"宰相肚"	159
无意苦争春,一任群芳妒	162
做一件让人印象最深刻的事	165
"柳骨"风范照千秋	170
防火防盗防"李训"	174
给古代的"谏官"点个赞	178
看人下菜碟儿	183

古文观止

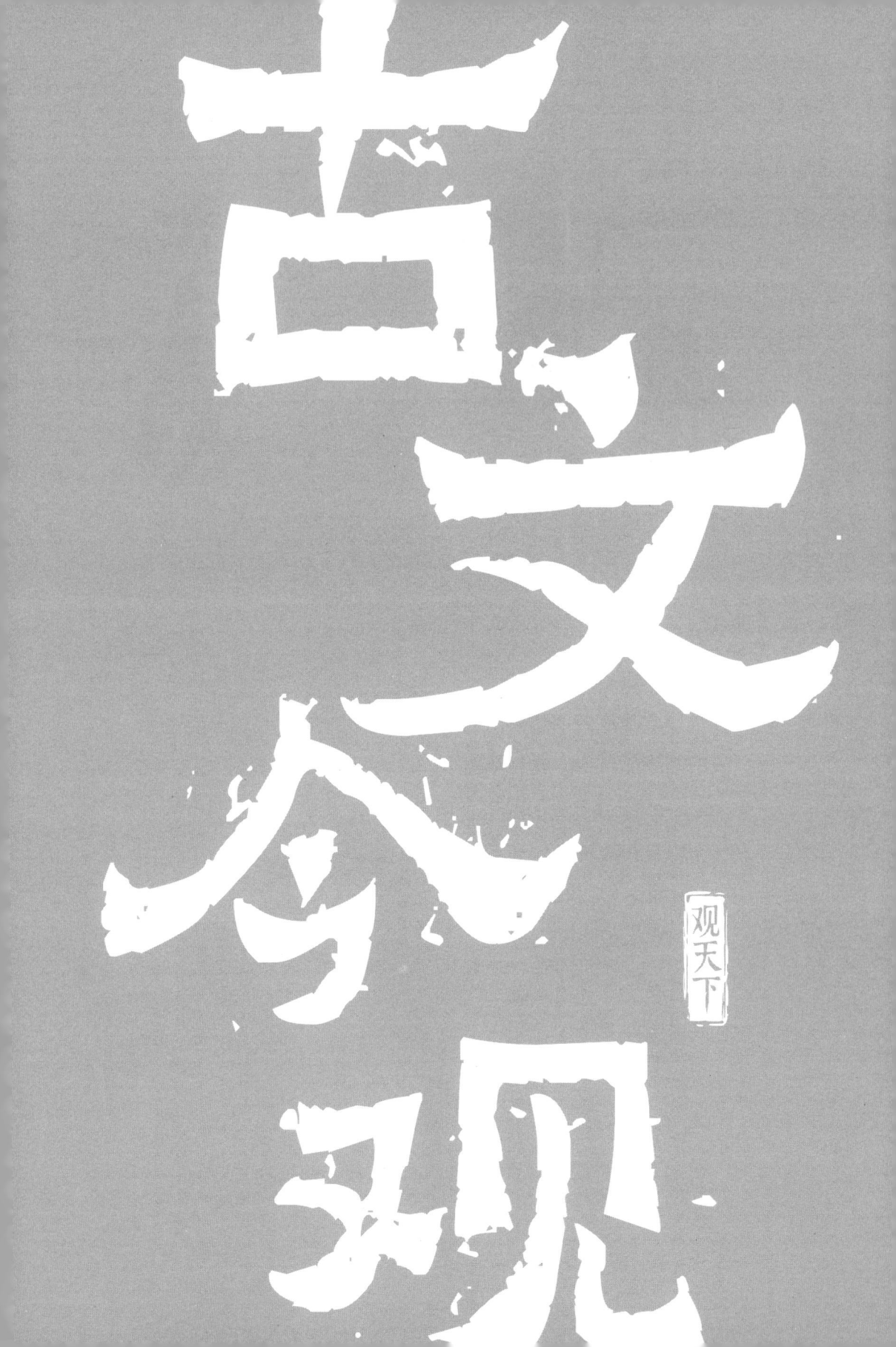

观天下

"揠苗"不"耕苗",欲速则不达

说起当下的中小学教育,大多家长往往茫然不知所措。为了不输在起跑线上,孩子们常常是课内课外双轨并行,孩子负担极重,家长亦身心俱疲,这生生地被演绎成一场看谁学得早、学得多的疯狂大比拼。

古有宋人闵其苗之不长而揠之者,早已成了令人啼笑皆非的千古经典。今人面对自家孩子,却齐刷刷地拜宋人为师,纷纷助苗长矣。望东西南北,真是天下之不助苗长者寡矣。大家纷纷然齐心协力罔顾规律,决意加快禾苗之生长,结果自然是大面积的禾苗枯萎,终究也难有收成。

孟子说："我善养吾浩然之气。"孟子认为浩然之气最浩大、最刚强，用正义去培养它，而不是用邪恶去伤害它，就可以使它无所不在；浩然之气是由正义在内心长期积累而成的，养浩然之气不可用外力或违背规律。中小学生的身心处在发育的关键阶段，不予其健康的成长环境，去正常地养其心气、心志，反而施以高压手段，如高强度地补课、高频度考试，反反复复刷题等。在如此无以复加的模式下，且不说"养"浩然之气，即便是最基本的学习兴趣和生活乐趣也可能荡然无存，孩子们身心俱危矣。

无疑，解铃还须系铃人，为人父母、为人师都有义务让孩子回到正常的教育秩序中来。那些列入基础教育的课程就应该在学校里完成，对于课外班，老师不能越俎代庖，课外辅导范围应该限制在艺术类、运动类等兴趣爱好类的学习上。中小学生不是全天候的学习机器，全社会都理应尊重孩子的身心自由、尊重教育的正常规律，而不能短视至宋人助禾苗长高之眼界，以为无益而舍之，肆无忌惮地"揠苗"而不"耕苗"。

庄子与惠子是一对"好友"

庄子曰："鲦鱼出游从容,是鱼之乐也。"

惠子(惠施)曰："子非鱼,安知鱼之乐?"

庄子曰："子非我,安知我不知鱼之乐?"

这便是发生在庄子与惠子这对至交好友之间的千古"抬杠"经典。

没有惠子,庄子是否会觉得人生太寂寞无聊了?

没有庄子,惠子是否会觉得人生太平庸乏味了?

其实,第一次见到庄子时,惠子是颇不以为然的。

惠施大概不会想到，言语癫狂的庄子将来会名留千古；自己也会因为这个语出惊人的家伙，千年后一再被人提起。

惠施正在梁国当宰相。有人说庄周是来取代惠施的，惠施大惊。此时庄周突然找上门来，对惠施说：我好比天上的凤凰，志不在仕途；你好比地洞里的老鼠，我不会看上你的宰相之位……

用现代标准来衡量，这两人大致分别是民间意见领袖和政坛杰出青年，当是井水不犯河水。谁也不想轻易得罪惠施这种大权在握的政客。但庄周的突然到访并没有引起惠施的反感，他缓缓地长舒了一口气，心平气和地和庄周开始了推心置腹的长聊。没有人知道两人之间都谈了些什么，只知道后来惠施和庄周成了一生的挚友。可见在对的人之间，话不在多，在于通透。

《庄子·徐无鬼》记载了庄子为惠子送葬时的心情。

庄子送葬，过惠子之墓，顾谓从者曰："郢人垩漫其鼻端，若蝇翼，使匠石斫之。匠石运斤成风，听而斫之，尽垩而鼻不伤，郢人立不失容。"宋元君闻之，召匠石曰：'尝试为寡人为之。'匠石曰：'臣则尝能斫之。虽然，臣之质死久矣。'

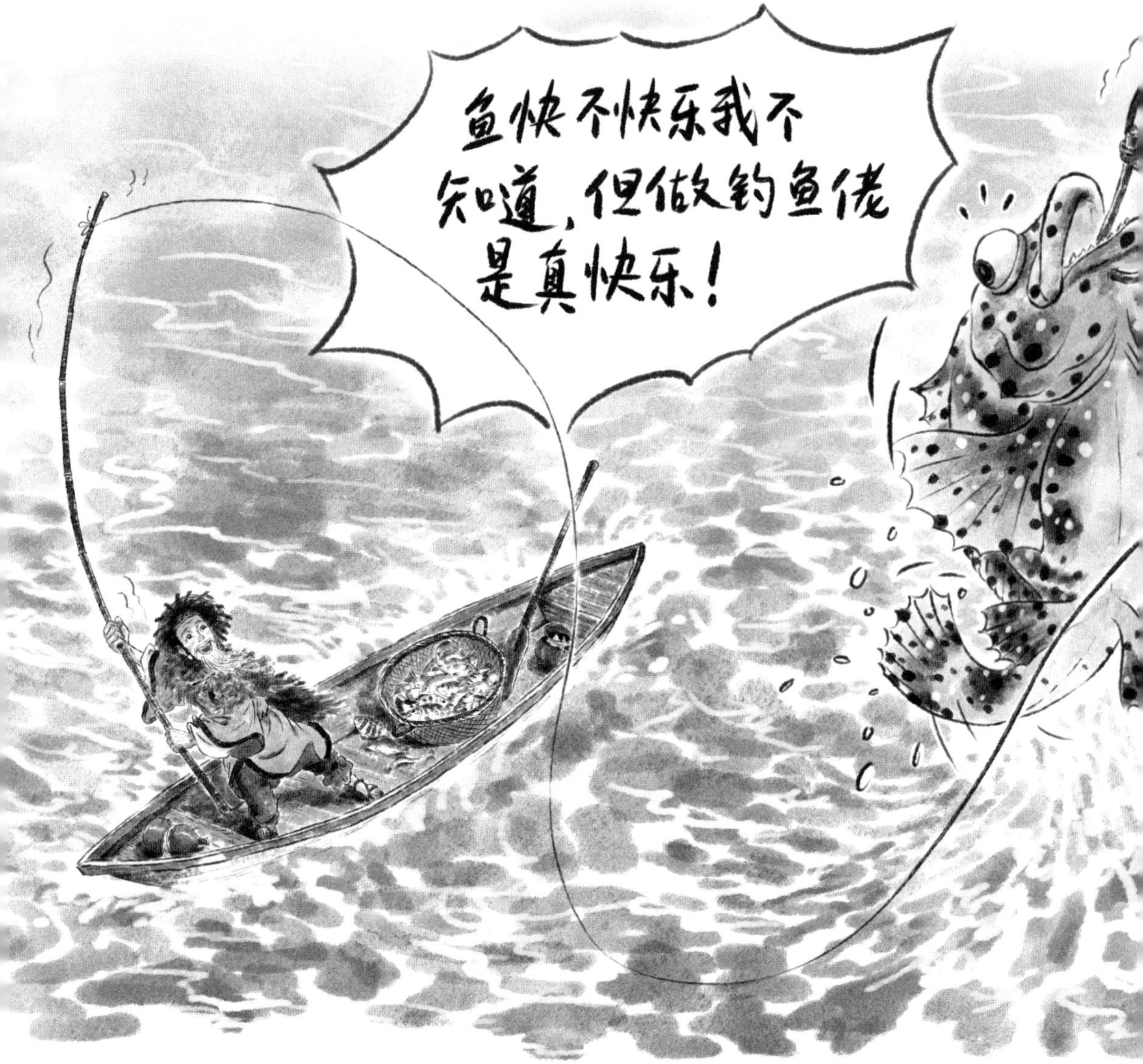
鱼快不快乐我不知道，但做钓鱼佬是真快乐！

自夫子之死也，吾无以为质矣！吾无与言之矣。"

庄子送葬，经过惠子的坟墓，回头向随从说道："郢都有一个人，不小心让白灰粘在鼻子上，如蝇翼般。他请匠石替他削掉。匠石挥起斧子，随斧而起的风呼呼作响，任凭斧子向鼻端挥去，泥点尽除而鼻子安然不伤，郢都人站着面不改色。宋元君听说此事后，把匠石召去，说道：'你为我也这么试试。'匠石说道：'臣下确实曾经削掉过鼻尖上的泥点，不过现在我的对手已经死了很久了！'自从先生去世，我再也没有对手了，我再也找不到辩论的对象了！"

庄子是哲学家的风貌，惠子有逻辑家的个性，他们是一生无可替代的朋友和论争的对手，二人的"怼"成了最好的合作和学习方式。只有惠子，才是庄子辩论的对手；惠子已去，就无人"可与语也"，庄子也只能"深瞑不言"了。

人生得一知己足矣。

人生无一知己穷极！

学习识人和辨人

庄子或许对孔子的仁义道德那一套不以为然,但他对孔子的观人法还是相当推崇的。世人百相,鱼龙混杂,察人得当、识人稳准是一门学问,画虎画皮难画骨,知人知面不知心。

在《庄子·列御寇》中,孔子曰:凡人心险于山川,难于知天。天犹有春秋冬夏旦暮之期,人者厚貌深情。故有貌愿而益,有长若不肖,有顺懁而达,有坚而缦,有缓而钎,故其就义若渴者,其去义若热。

故君子远使之而观其忠,近使之而观其敬,烦使之而观其能，卒然问焉而观其知，急与之期而观其信，委之以财而观其仁，告之以危而观其节，醉之以酒而观其侧，杂之以处而观其色。九征至，不肖庄人得矣。

孔子说：人心比山川还要险恶，比探知天象还要困难。自然界尚有春夏秋冬和早晚变化的一定周期，人却面容多变而情感内敛。有的人貌似淳厚而行为骄溢，有的人貌似长者而其实心术不正，有的人外表拘谨、内心急躁而通达事理，有的人外表坚韧而内心散漫，有的人表面舒缓而内心焦躁。所以人们趋赴仁义犹如口干舌燥而思饮泉水，抛弃仁义也像是脱离炽热、避开烈焰。

因此君子总是让人到远处任职来观察他是否忠诚，让人就近办事来观察他是否恭敬，让人处理繁难的事务来观察他的才能，对人突然提问来观察心智，交由紧急的任务来观察是否守信，把财物托付给他来观察他是否廉洁，告诉他危难的处境来观察他的节操，让他喝醉来观察他的仪态，用男女杂处的方法来观察他的色态。观察这九种征验，不好的人自然就挑拣出来了。

一般而言，人的思想看行为，人的品德看言行，人的内心看做事，人的心术看眼神，人的知识看谈吐，人的修养看个性，人的为人看朋友，人的本质看历史。

人有气场，大小可论，忠奸可辨。历练到了一定程度，我们自然见识长、能力涨，自然能更好地识人和辨人，千淘万漉虽辛苦，吹尽狂沙始到金。

逝者如斯夫，不舍昼夜。天不生仲尼，万古如长夜。我们必须好好地生活，睁开慧眼，把这人生纷扰看个清清楚楚明明白白真真切切。

宋襄公的仁义和迂腐

宋襄公，名兹甫，是春秋时期宋国国君宋桓公的次子，为宋桓公的正室宋桓夫人所出，兹甫自然是嫡子。兹甫还有个庶兄目夷，而目夷的母亲只是地位一般的侍妾，因此目夷是庶子。兹甫以嫡子的身份被立为太子。

兹甫的不同凡响之处，首先是他主动让位于兄，展现出了"仁"的姿态，天下人无不称道。周襄王元年（公元前652年），兹甫的父亲宋桓公病重。按照当时的嫡长子继承制，兹甫本应是继位之人，可是兹甫在父亲面前恳求，要把太子之位让贤于庶兄目夷，还说："目夷年龄比我大，而且忠义仁义，请立目夷为国君吧。"

于是，宋桓公把兹甫的想法讲给目夷听，目夷听后不肯接受太子之位，说："能够把国家让给我，这不是最大的仁吗？我再仁，也赶不上弟弟啊！况且废嫡立庶，也不合制度啊。"为了躲避弟弟的让贤，目夷逃到了卫国，兹甫的太子之位没有让出去。后来，兹甫封目夷为相。

宋襄公即位后，在春秋争霸中小有作为，但也留下了最具争议的泓水之战。周襄王十三年，襄公跟楚成王在泓水边会战，楚军还没有渡河完毕，目夷说："楚国兵多，我们兵少，趁他们没有完全渡河，我们就先发动攻击。"襄公不听从。楚国兵全部渡河过来还没有列成阵势时，目夷又说："可以攻击了。"襄公说："等他们布成阵势。"在楚国人布成阵势后，宋国人才开始进攻。

最终，宋国军队大败，襄公大腿受伤。宋国的国人因此都埋怨襄公。襄公说："君子不在人家艰难的时候去困窘他，不在人家没有布成阵势的时候去进攻他。"子鱼说："战争以取胜为功绩，这些陈词滥调有什么可空谈的！一定要像您所说的，那么就当奴隶侍奉人家好了，又何必要打仗呢？"周襄王十四年夏天，襄公因泓水之战留下的腿伤而亡，他的儿子成公王臣登基。

太史公曰:"襄公之时,修行仁义,欲为盟主。其大夫正考父美之,故追道契、汤、高宗,殷所以兴,作《商颂》。襄公既败于泓,而君子或以为多,伤中国阙礼义,褒之也,宋襄之有礼让也。"

太史公说:襄公修行仁义,想成为盟主。他的大夫正考父赞美这事,所以追述契、汤、高宗时代殷朝兴盛的原因,写了《商颂》。宋襄公既已在泓水打了败仗,但是仍有君子称赞他,

悲叹当时中原地区的国家缺少礼义，所以表彰襄公，因为他还是一个有礼让精神的人。

仁义道德这个东西本来就可虚可实，就看你内心深处秉持什么样的观念了。有人视之为万钧重，有人却视之为鸿毛轻。宋襄公的行为，有人赞扬他仁义，颇有中原古风，而在实用主义的成王败寇思想面前，有人嘲讽他太过迂腐。不可否认，宋襄公以宋国有限之力，位列五霸，可圈可点；他的"仁义"战争被人诟病，为读史之人所揶揄也不无道理。所谓仁者见仁、智者见智，他是一个承载着争议和辉煌的人物，在历史的天空中留下独有的慧光。

天下男人的榜样

  陶朱公范蠡心智之通透让人佩服不已。《史记·越王勾践世家》篇中谓"范蠡三徙",指范蠡由楚入越,佐勾践称霸;离越赴齐;由齐至陶定居。范蠡三次迁徙,所到一处,就一定会在那里成名。由于他最后在陶地老死,所以世人叫他陶朱公。范蠡的名声之大,是有来由的。

  朱公住在陶地的时候,生下了小儿子。小儿子长大后,朱公的二儿子因杀人被囚禁在楚国。朱公说:"杀人偿命,理当如此。但我听说家有千金的孩子,可以不在大庭广众的市场上被处死。"于是他让小儿子用牛车拉着放在不显眼的粗糙器具里的千镒黄金前去探视。当小儿子准备出发时,朱公的大儿子却以自杀相逼，表示自己要去救弟弟。

朱公没办法，只好让大儿子去了，并写了一封信让他带给旧日的朋友庄生，嘱咐道："到了那里就把这千镒黄金交给庄生，他要怎么办就怎么办，千万不要同他争辩！"大儿子上路前，还私下带了几百镒金。到了楚国，见到庄生家的房子靠近城墙，需要拨开荒草才能走到门口，生活很贫困。大儿子按照他父亲所说的拿出信件，把千金交给庄生。庄生说："你快走吧，切勿逗留；即使你弟弟被释放了，也不要问是为什么。"大儿子离开后，没再拜访庄生，却私自逗留在楚国，用他私下带来的那部分钱贿赂楚国当权的贵族。

庄生虽然住在穷巷，但以廉洁正直闻名国内，被尊奉为老师。当朱公给他送钱的时候，他本无意接受，打算事成之后再还给朱公，以表明信誉。所以收到钱的时候，庄生对妻子说："这是朱公的钱，以后说不上什么时候要奉还给他，请不要动用。"但朱公的大儿子不知道庄生的意图，认为把钱交给庄生没什么用。

庄生寻机入宫拜见楚王，说服楚王行德政，大赦天下。那个当权的贵族将消息告诉了朱公长子。朱公长子认为既然赦免，弟弟自然会被释放，而那么多的钱没起什么作用，白白扔到庄生那里了。于是他又去见庄生，庄生惊讶地问："你没有走吗？"朱公长子说："本来就没走，开始是为了照顾弟弟，现在人们都说要赦免弟弟，所以来向先生辞行。"庄生明白他的用意是想再要回那笔钱，就说："你自己进屋里把钱拿走吧。"朱公长子就自己进屋把钱拿走了，并一个人暗自得意。

庄生对被后生小子愚弄很羞恼，便进宫拜见楚王说："我上次说了某星宿不祥一事，大王说要行德政来改变它，现在外面纷纷议论陶地富翁朱公的儿子因杀人被监禁在楚国，而他家里多次拿钱来贿赂大王手下的大臣，因此认为大王不是为了挽救楚国才大赦的，而是为了朱公儿子。"

楚王大怒道："我虽然无德，但怎么会单单因为朱公儿子的缘故而施恩呢？"随即下令杀了朱公的儿子，在第二天发布了大赦令。朱公长子带着弟弟的丧讯颓然而归。

回家后，他母亲和乡里人都很悲伤。唯独朱公笑着说："我本来就知道他一定是会使他弟弟丧命的。他并不是不爱他的弟弟，只是因为有不忍割舍的东西。这是因为他从小就同我一起受苦，为生计所窘迫，所以把钱财看得很重。至于他的小

弟弟，一生下来就乘着坚固的车子，驾驭良马，追逐狡兔，哪知道钱是从哪来的，所以会轻易舍弃，一点也不吝惜。最初我想派小儿子去，就是因为他能轻易舍财的缘故。而长子做不到这一点，最终使弟弟丧了命。事情必然会发展到这步，没有什么可悲伤的，我本来就是在等待着这个丧讯的到来呢！"

太史公曰："故范蠡三徙，成名于天下，非苟去而已，所止必成名。"

陶朱公的名声来源于他活得明白、活得通透。当年他为越王勾践服务，苦身励志，竭尽全力，终于灭掉了吴国，报了会稽之耻。返回越国之后，范蠡却认为负有过大的名声，难以同勾践长期相处，于是写信告辞。在齐国耕耘劳作不久，范蠡便使得家业丰厚，并被推为丞相。然而，他却感叹道："居家治产就获得千金，做官就达到了卿相，这是一个老百姓的顶点了。长期享有尊崇的名声，这是不祥之兆。"于是归还了相印后，他把财产都散发出去，悄悄地离去了，定居在陶地。然而，没过多久，通过耕牧与贸易，他又获得了亿万资产。因此，天下人都称道陶朱公是天下人的榜样。后人称其为"商圣"，誉之为"人间清醒财神爷"，更有人称其为中国历史上最成功的男人、唯一完美的男人，可见其魅力之大、影响之深。

低调能自保，低处为最高

萧何作为刘邦的重要谋臣，为西汉王朝的建立和政权的巩固，做出了重大贡献。萧何目光远大，深谋远虑。刘邦率军进入咸阳后，将领们忙于争分金帛财物，而萧何却首先收取秦王朝文献档案，将其珍藏，刘邦由此详尽地掌握了全国地理、户籍等方面的情况，为统一天下创造了条件。

在楚汉相争期间，萧何虽然没有像韩信、曹参等人那样在前线冲锋陷阵，但他留守关中，制定法令，安抚民众，建设后方根据地，不断向前线输送粮草、补充兵员，使刘邦多次转危为安。

司马迁记载，萧何是沛县丰邑人。他通晓律令，执法公平，无人能比，所以被任命为沛县的主吏掾。高祖还是平民百姓的时候，萧何屡次利用自己县吏的职权保护他。高祖担任亭长，萧何经常帮助他。高祖以吏员的身份去咸阳服徭役，临行时县吏们都奉送三个大钱，只有萧何送了五个大钱。

后来萧何的定功之事，还引起了不小的争议。消灭了项羽，平定了天下，汉高祖要评定功劳，进行封赏。由于群臣争功，一年多的时间都没能把功劳的大小决定下来。高祖认为萧何的功劳最大，把他封为酂侯，食邑最多。

功臣们却说："我们亲自身披铠甲，手执兵器作战，多的打过一百多仗，少的也经历了几十次战斗，攻破敌人的城池，夺取敌人的土地，或大或小，都有战功。现在萧何没有立过汗马功劳，只不过靠舞文弄墨，发发议论，从不上战场，却反而位居我们之上，这是什么道理？"

高祖说："诸位懂得打猎吗？"功臣们回答："懂得。"又问："你们知道猎狗的作用吗？"答道："知道。"高祖说："打猎的时候，追赶扑杀野兽兔子的是猎狗，能够发现踪迹向猎狗指示野兽所在之处的是猎人。现在你们诸位只能奔走追获野

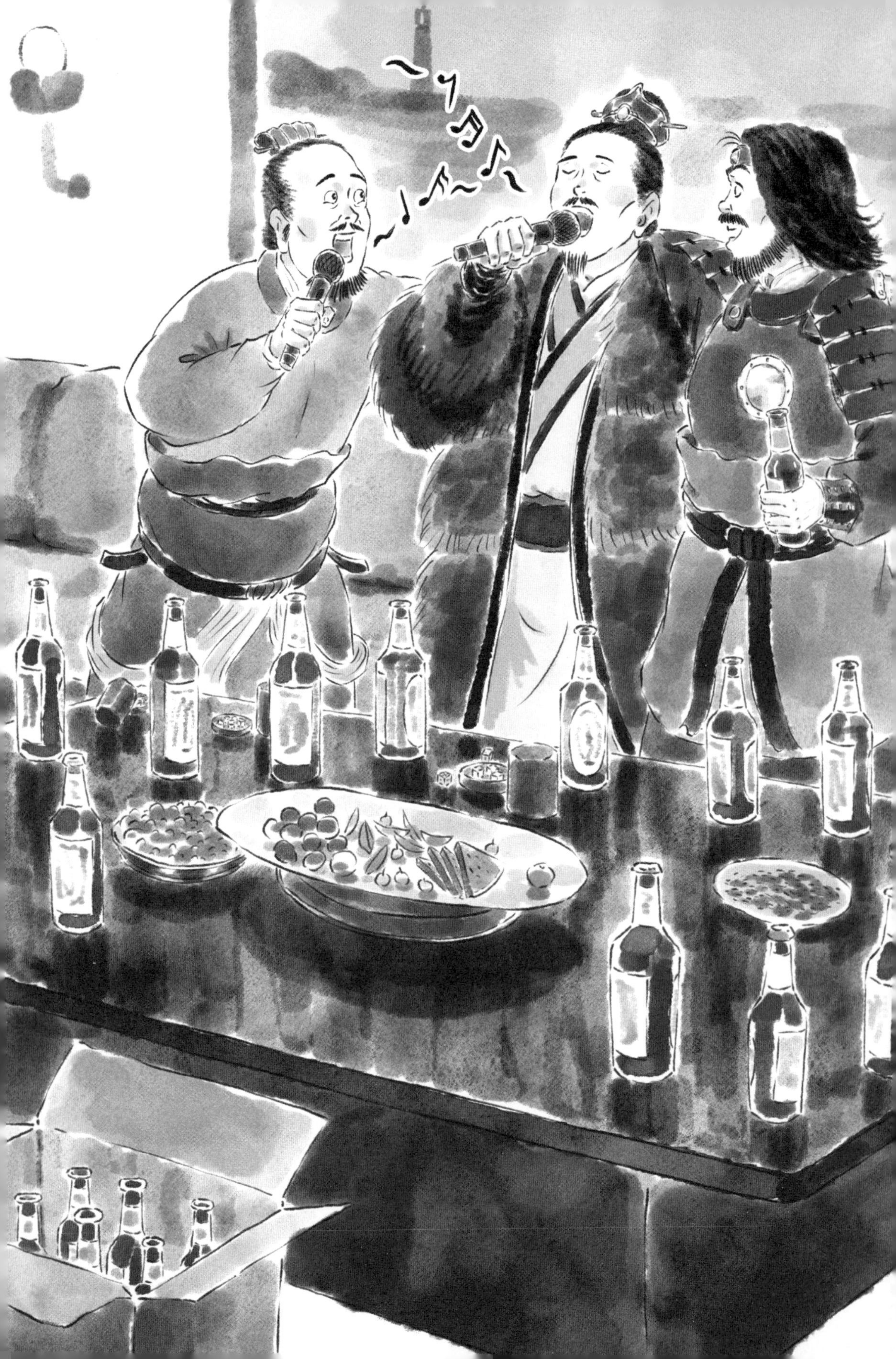

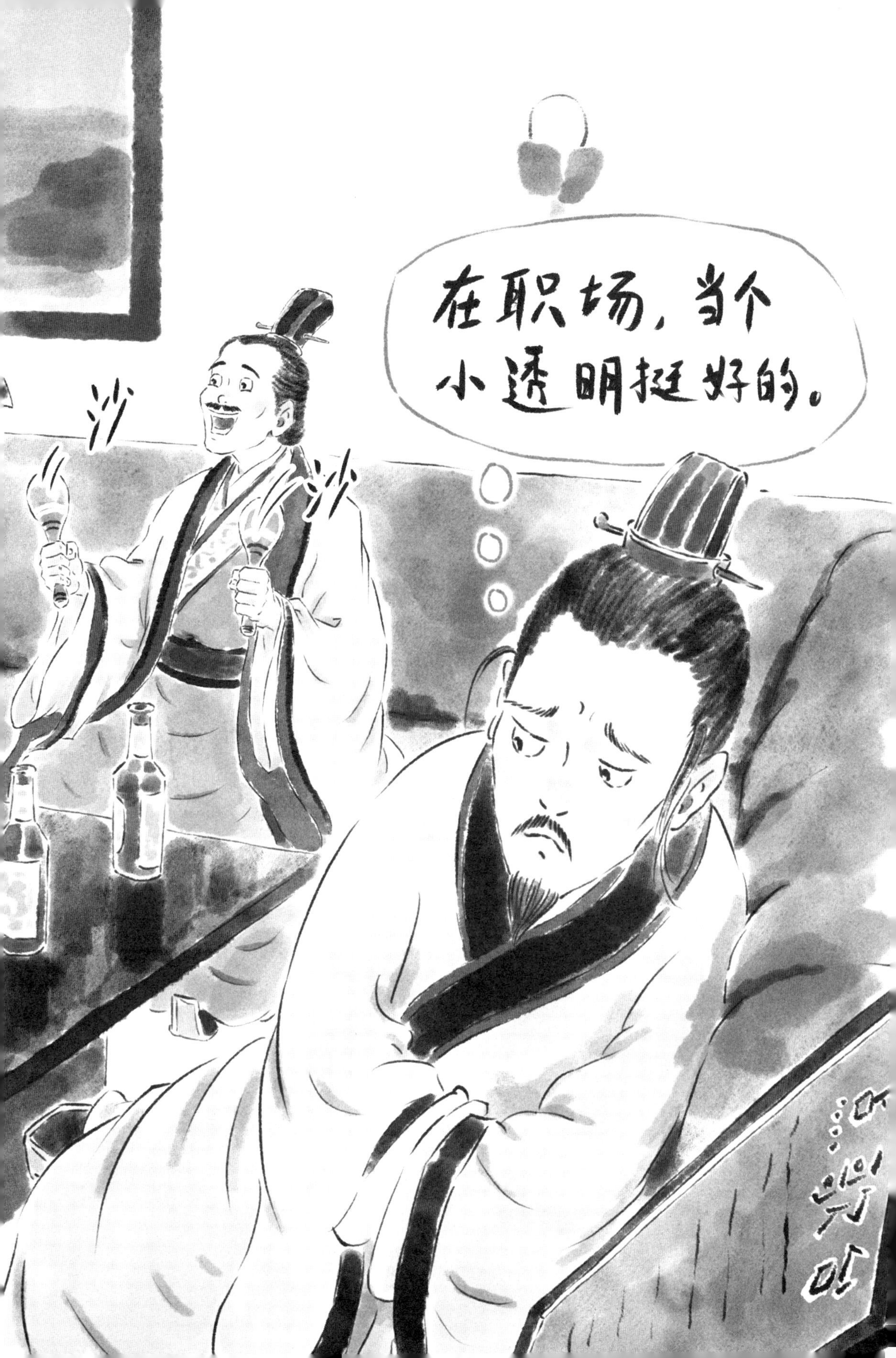
沙
沙
在职场，当个小透明挺好的。

兽，不过是有功的猎狗。至于萧何，他能发现踪迹，指示方向，是有功的猎人。何况你们都只是自己本人追随我，至多不过加上两三个亲属，而萧何全部宗族几十个人都跟随我，他的功劳是不能忘记的。"群臣听了此话，都不敢再说什么。

太史公曰："萧相国何于秦时为刀笔吏，录录未有奇节。及汉兴，依日月之末光，何谨守管籥，因民之疾秦法，顺流与之更始。淮阴、黥布等皆以诛灭，而何之勋烂焉。位冠群臣，声施后世，与闳夭、散宜生等争烈矣。"

太史公说："萧相国在秦朝的时候是一个文牍小吏，平平庸庸，无所作为，没有什么突出的表现。等到大汉兴起，他追随高祖，依靠日月余光的照耀，才名显天下。萧何谨慎地守护关中这一根本重地，利用民众痛恨秦朝严刑苛法，顺应时代的潮流，与百姓们一起更新政治。淮阴侯韩信及黥布等人都被诛杀，而萧何的功勋光辉灿烂。他位居群臣之首，声名流传后世，可以同周朝的闳夭、散宜生等争光比美了。"

萧何无疑是因他的才智与忠诚深得刘邦的信任，后来的孝惠帝也特别敬重萧何。萧何向来与曹参不和，但他病重后向孝惠帝举荐的人却是曹参，这也成就了"萧规曹随"的佳话。萧何的后嗣有四世因为犯罪而失掉爵位，绝封；但天子总是又想法寻找到萧何的后代，并重新封为酂侯，这是其他功臣达人不能与萧何相比的。

萧何购置土地房屋一定选择贫穷僻远的地方，营造宅第也从来不修建围墙。他说道："后代子孙如果贤德，可以从中学我的俭朴；如果不贤无能，这种房屋也不会被有势力的人家所侵夺。"萧何有许许多多的过人之处，他的忠诚、智慧、眼光和决断力将永远流传在历史的长河中。但我们今天需要特别记住的，是他的低调和自保，慎而思之，勤而行之，低处正可谓是最高。

每个人都需要一个鲍叔牙

读《史记·管晏列传》篇，感觉管仲信奉"仓廪实而知礼节，衣食足而知荣辱，上服度则六亲固。四维不张，国乃灭亡。下令如流水之原，令顺民心"，他帮助齐桓公成就霸业，九次会集诸侯，使天下一切得到匡正。

管仲的成功并不是轻而易举的，除了他才能出众使然外，与鲍叔牙的慧眼赏识也是分不开的。司马迁记载，管仲年轻时曾与鲍叔牙交游，鲍叔牙知道他很有才能。管仲生活贫困，常常占鲍叔牙的便宜，但鲍叔牙始终对他很好，没有怨言。后来鲍叔牙侍奉齐国的公子小白，管仲侍奉公子纠。

等到小白立为齐桓公，公子纠被杀死，管仲也被囚禁起来了。是鲍叔牙向桓公推荐管仲，管仲才得以被任用。管仲为政，善于转祸为福，把失败变为成功。难能可贵的是管仲重视控制物价，能够谨慎地处理财政，即"贵轻重，慎权衡"。

管仲说："我当初贫困的时候，曾经和鲍叔牙一起经商，分财利时自己常常多拿一些，但他并不认为我贪财，知道我是由于生活贫困。我曾经为鲍叔牙办事，结果使他更加穷困，但他并不认为我愚笨，知道这是由于时机不利。我曾经三次做官，三次都被君主免职，但鲍叔牙并不认为我没有才干，知道我是没有遇到好时机。我曾三次作战，三次都战败逃跑，但鲍叔牙并不认为我胆小，知道这是由于我还有老母。公子纠失败，召忽为他而死，我被囚禁起来受屈辱，但鲍叔牙知道我并不是不知羞耻，而是不拘泥于小节，以功名不显扬于天下为羞耻。生我的是父母，但知我的却是鲍叔牙啊！"

鲍叔牙的子孙世代都在齐国享受俸禄，十几代人都得到了封地，大多数都成为有名的大夫。所以天下人不称赞管仲的贤能，却称颂鲍叔牙能够识别人才。

人不论其才能高低，禀赋优劣，都需要有人扶助其成长，需要有人在精神上乃至物质上支撑他们度过困境。良马易得，伯乐难求。朋友易交，知音难觅。每个人都需要一个鲍叔牙，人与人之间能如管鲍之交，相互信任，彼此成就，何其幸焉！

"鸡鸣狗盗"也许会派上大用场

司马迁记载，齐湣王二十五年（公元前299年），又派孟尝君到秦国，秦昭王立即让孟尝君担任秦国宰相。有人劝秦王道："孟尝君的确贤能，可他是齐王的同宗，现在任秦国宰相，谋划事情必定是先替齐国打算，而后才考虑秦国，秦国可要危险了。"

于是，秦昭王罢免了孟尝君的宰相职务。他把孟尝君囚禁起来，图谋杀之。情况危急，孟尝君派人冒昧地去见昭王的宠妾求救。那个宠妾提出条件说："我希望得到孟尝君的白色狐皮裘。"孟尝君来的时候，带有一件白色狐皮裘，价值千金，天下没有第二件，到秦国后献给了昭王，再也没有别的皮裘了。

孟尝君为这件事发愁，大家都想不出办法。一位能力一般但是会披着狗皮盗东西的人说："我能拿到那件白色狐皮裘。"于是当夜就身披狗皮化装成狗，钻入了秦宫中的仓库，取出献给昭王的那件狐白裘，拿回来献给了昭王的宠妾。宠妾替孟尝君向昭王说情，孟尝君获释。

孟尝君立即乘快车逃离，更换了证件和姓名逃出城关，夜半时分便到了函谷关。昭王随后后悔此举，于是再派人驾车飞奔去追捕孟尝君。

按照函谷关的关法规定，鸡叫时才能放来往客人出关。孟尝君万分着急，宾客中有个能力一般的人会学鸡叫，他一学鸡叫，附近的鸡随着一齐叫了起来，孟尝君遂得以逃出函谷关。出关后约摸一顿饭的工夫，秦国追兵就到了函谷关，但已于事无补，悔之晚矣。

当初，孟尝君把这两个"功臣"安排在宾客中的时候，宾客无不感到羞耻，纷纷觉得脸上无光。在秦国遭到劫难，孟尝君就是靠着这两个人救了自己。从那以后，宾客们都佩服孟尝君曾经的做法。

太史公曰："吾尝过薛，其俗间里率多暴桀子弟，与邹、鲁殊。问其故，曰：'孟尝君招致天下任侠，奸人入薛中盖六万余家矣。'世之传孟尝君好客自喜，名不虚矣。"

太史公说："我曾经经过薛地，那里民间的风气多有凶暴的子弟，与邹地、鲁地迥异。我向那里人询问这是什么缘故，人们说：'孟尝君曾经招来天下许多负气仗义的人，仅乱法犯禁的人进入薛地的大概就有六万多家。'世间传说孟尝君以乐

于养客而沾沾自喜，的确名不虚传。"

孟尝君田文号称战国四公子之一，其余三位是平原君赵胜、信陵君魏无忌与春申君黄歇。战国末期养"士"之风盛行，四公子都是礼贤下士、广交宾客之人。孟尝君对所养之"士"最为不挑，他有食客数千人，诸侯宾客及亡人有罪者，乃至鸡鸣狗盗之徒，无论贫富贵贱，皆招致之。

唐代的陆贽曾说："人才之行，苟有所长，必有所短。若录长补短，则天下无不用之人。"孟尝君海纳百川、知人善任，一些仅通晓鸡鸣狗盗这样的平庸之技的无名氏也能够在特殊时刻发光发热，甚至解燃眉之急。世上无天生的庸才，只有放错位置的人才。

春申君不应该毁于一场"不期而至"

每天都可能会有不期而至的事情发生,人当有面对一切不期而至的勇气、智慧与果决。

读《史记·春申君列传》,对"不期而至"有了新的领悟。春申君,战国时期楚人,原名黄歇,战国四公子之一,任楚国国相,曾援赵灭鲁。春申君以明智忠信、礼贤下士辅佐治国闻名于世。据传大上海与春申君有不解之缘,上海的简称"申"就是源自春申君。

楚考烈王无子,春申君以此为忧。春申君娶赵人李园之妹,李园妹有身孕后,便献于考烈王,生子被立为太子,即楚幽王，李园之妹则被立为王后。李园掌握大权，蓄养死士，欲杀春申君以绝后患。考烈王病死后，李园果然令人埋伏于棘门之内，杀死春申君及其全家。

其实，春申君是可以躲避这场不期而至的灾难的。司马迁记载，春申君担任宰相的第二十五年，楚考烈王病了。朱英对春申君说："世上有不期而至的福，又有不期而至的祸。如今您处在不期而至的世上，侍奉着不期而至的君主，那您怎么可以没有不期而至的帮手呢？"春申君问道："什么叫不期而至的福？"朱英回答说："您任楚国宰相二十多年了，虽然名义上是宰相，但实际上就是楚王啊！现在楚王病了，去世是早晚的事，您要辅佐年幼的国君，因而就要代他主持国政，如同伊尹、周公一样，等君王长大后再把大权交还给他，这不是马上满足了您南面称王而据有楚国的心愿吗？这就是我所说的不期而至的福啊！"

春申君又问道："什么叫不期而至的祸？"朱英回答说："李园不理国事便是您的仇人，他不管兵事却豢养刺客已经有很久了。楚王一去世，李园一定抢先入宫夺取权力并且杀掉您来灭口。这就是所说的不期而至的灾祸啊！"春申君再问

道:"那什么是不期而至的帮手呢?"朱英回答说:"您安排我做郎中,楚王去世,李园必定会抢先入宫,我来替您杀掉李园。这就是我所说的不期而至的帮手。"

春申君说:"您放弃这个打算吧!李园是个软弱无能的人,我又和他很友好;况且又怎么能到这种地步呢?"朱英知

道自己的进言不会被采用，恐灾祸殃及自身，就逃走了。

太史公曰："吾适楚，观春申君故城，宫室盛矣哉！初，春申君之说秦昭王及出身遣楚太子归，何其智之明也！后制于李园，旄矣。语曰：'当断不断，反受其乱。'春申君失朱英之谓邪？"

太史公说："我到楚地，观览了春申君的旧城，宫室非常宏伟啊！当初，春申君劝说秦昭王，以及冒着生命危险送楚太子回国，他的聪慧是何等的出众高明啊！但后来他被李园控制，真是昏聩糊涂啊！俗话说：'应当决断而不决断，反过来就要遭受祸害。'春申君不听朱英劝告，其结果不就是如这句话所说的那样吗？"

聪明一世，糊涂一时，春申君为何听不进朱英的劝告呢？因为他对这个世界上的不期而至之事没有未雨绸缪，他对人性之易变与叵测没有研悟。还念李园旧日好，不知李园今已非，这样的春申君可悲吗？春申君的一生，是投机和权谋设计的一生，前半世不谓不智，后半生实为大昏。一场不期而至，满门人死道消！

田子方是真正的国师

田子方，魏文侯的友人，拜孔子学生子贡为师，以道德学问闻名于诸侯。魏文侯曾慕名聘他为师，执礼甚恭。田子方后任齐相国，齐国大治。其为人傲王侯而轻富贵，声望名于当世。世称田氏后裔，有子方之遗风焉。

魏文侯与群臣饮酒，奏乐间，下起了大雨，魏文侯却下令备车前往山野之中。左右侍臣问："今天饮酒正乐，外面又下着大雨，国君打算到哪里去呢？"魏文侯说"我与虞人约好了去打猎，虽然这里很快乐，也不能不遵守约定！"于是亲自前去告诉停猎。

魏文侯与田子方饮酒，文侯说："编钟的乐声不协调吗？

左边高。"田子方笑了,魏文侯问:"你笑什么?"田子方说:"臣下我听说,国君懂得任用乐官,不必懂得乐音。现在国君您精通音乐,我担心您会疏忽了任用官员的职责。"

田子方这是在教导魏文侯,国君的职责在于擅用人而懂治国,不在于懂音乐。

魏文侯的公子魏击出行,途中遇见国师田子方,下车伏拜行礼。田子方却不作回礼。魏击怒气冲冲地对田子方说:"富贵的人能对人骄傲,还是贫贱的人能对人骄傲?"田子方

说："当然是贫贱的人能对人骄傲，富贵的人哪里敢对人骄傲呢！国君对人骄傲就将亡国，大夫对人骄傲就将失去采地。失去国家的人，没有听说有以国主对待他的；失去采地的人，也没有听说有以家主对待他的。贫贱的游士呢，话不听，行为不合意，就穿上鞋子告辞了，到哪里得不到贫贱呢！"魏击于是谢罪。

田子方这是在教育魏击。富贵的人，大都为物所累，无甚自由。富贵不能骄傲，否则将失去一切。江山社稷，是因为百姓认可才牢固的。贫贱之人，其实才是自由之人，一言不合，云游四海去，反正本是贫贱之身，什么也不会失去。

自以为是者不知乌之雌雄

读《资治通鉴·周纪一》篇，感受到古人与现代人犯的错误没什么两样，自以为是、糊涂谄媚者众矣。

司马光记载，公元前377年，子思向卫国卫慎公推荐苟变，子思说："苟变这人，才堪大用，能统帅五百辆战车的军队。"卫慎公回答说："我早就知道他是个将才。可是，他去乡下收赋税的时候，竟然多吃了老乡两个鸡蛋，所以我不想用他。"

子思回答说："圣人选人用人，犹如木匠选材取料，取其所长，弃其所短。参天大树，有几尺腐烂的地方，高明的匠人是不会抛弃不用的。正逢乱世，需要选拔能征善战的将士，就因为区区两枚鸡蛋，损失一位经天纬地的将才。这消息千万不要传出去，一则为人耻笑，二则天下之才觉得自己有缺点，都不敢到卫国来了。"卫慎公再三表示感谢说："一定接受先生的教诲啊！"

子思乃孔子之孙、孟子之师，孔庙"四配"之一的"述圣"，他能有此见解，说明儒家还是讲究变通的。

卫慎公做了一项错误的决定，而群臣竟称颂慎公英明。子思说："卫国这种情况，才是真正的君子不像君子，臣子不像臣子啊。"

子思分析说："君主自以为是，大家就不提出自己的意见。做对了，自以为是，是排斥了大家的意见。何况做错了还自以为是，简直是在助长邪恶。不考量自己的决策是否得当，就一味要求大臣赞美自己，真是糊涂透顶。当臣子的，不思考君主做的决定在不在理，一味阿谀奉承，真是谄媚到了极致。"

君主做出的决定，自以为都是正确的，卿大夫们不敢纠正君主的错误；卿大夫们做出的决定，士和庶人不敢纠正他们的错误。君主和卿大夫们都觉得自己了不起、永远正确，下面的人集体拍马附和、谄媚逢迎。顺者飞黄腾达、趾高气扬，逆者丢官罢爵、大祸临头。在这种情况下，有利于国家的善政，怎么会形成呢？

《诗》曰："具曰予圣，谁知乌之雌雄？"这句话的意思是都以为自己了不起，其实连乌鸦的公母都分不清。

被点天灯的猛人董卓死有余辜

读《资治通鉴·汉纪·孝献皇帝》篇,更感觉到汉献帝刘协时,汉天下确实气数已尽,羸弱不堪的汉王朝又偏偏遭遇了董卓这个猛人,不亡朝几无可能。董卓之罪,暴于四海。汉之有董卓,犹秦之有赵高,"且屠戮富人,焚毁宫室,二百里内,不留鸡犬,虽如秦政项羽立暴虐,亦未有过于是者。"

司马光记载,献帝刘协为董卓所迫西迁长安。董卓逮捕洛阳城中富豪,加以罪恶之名处死,把他们的财物没收,死者不计其数。这猛人驱赶剩下的数百万居民向长安迁徙,并命步兵、骑兵在后逼迫,马踏人踩,在拥挤、惊慌和饥饿中,沿途堆满了尸体。董卓自己留驻在毕圭苑中,命部下纵火焚烧一切宫殿、官府及百姓住宅，二百里内的房屋尽毁，不再有鸡犬。董卓又让吕布率兵挖掘历代皇帝陵寝、公卿和官员的墓地，搜罗珍宝和财富。捉到一批山东兵，董卓命人用十余匹涂上猪油的布裹到这些山东兵的身上，然后纵火将他们烧死。

很难想象，汉代经历四百多年后，嗜杀之风竟如此之烈！如此残暴无度的董卓，人神共愤！司徒王允施展反间计，董卓终为吕布所杀。

听到董卓死讯后官兵们都立正不动、高呼万岁，老百姓也

聚在街道上唱歌跳舞。长安城中的士人、妇女卖掉珠宝首饰及衣服，用来买酒买肉庆贺，街市被拥挤得水泄不通。董卓的弟弟董旻、董璜以及留在郿坞的董氏家族老幼，都被他们的部下砍射而死。但见董卓在坞中竟藏有黄金二三万斤、白银八九万斤，绫罗绸缎、奇珍异宝堆积如山。

董卓的尸体被拖到市中示众，当时天气渐热，异常肥胖的董卓身体的油脂流到地上，看守尸体的官吏便做了一个大灯捻，放在董卓的肚脐上点燃，从晚上烧到天亮，就这样连烧了几天。所谓"置卓脐中然之，光明达曙，如是积日"。受过董卓迫害的袁氏家族的门生们，把已被斩碎的董卓尸体收拢起来，并焚烧成灰扬撒在大路上。

董卓之下场，完全是咎由自取。曹魏开国皇帝曹丕有言："初平之元，董卓杀主鸩后，荡覆王室。是时四海既困中平之政，兼恶卓之凶逆，家家思乱，人人自危。"

董卓的残暴历史罕见，毫无下限！他凶悍暴虐，逆天丧道，强忍寡义，志欲无餍，天地所不佑，人神所同疾。其早时有豪爽美名，也是成功人士，后却因为自己的沦丧而在历史上留下了一个如此凄惨的死状，可谓天道昭昭、死得其所！解恨呀！

强占豪夺造业因必有业果

读《资治通鉴·晋纪三十七》篇,深感北魏开国皇帝拓跋珪之"牛掰",其年纪轻轻就打下了万里锦绣江山。

公元376年,拓跋珪被其母亲贺兰氏携走出逃。公元385年,15岁的拓跋珪趁乱重兴代国,在盛乐即位为王。又在次年即公元386年定国号"魏",是为北魏,改元"登国",公元398年,他将国都从盛乐迁到大同,并自称皇帝。

拓跋珪即位初年,开疆拓土,励精图治,将鲜卑政权推进封建社会。晚年则好酒色,刚愎自用,不团结兄弟。公元409年的宫廷政变中,拓跋珪遇刺身亡,终年仅三十九岁,在位二十四年。

当初，拓跋珪前往贺兰部落避难，见到自己的母亲献明贺太后的妹妹非常美丽，便对贺太后说，请求纳她为妾。贺太后说："不行。太美的东西，一定有不好的地方。况且她已有了丈夫，不可强夺。"

拓跋珪秘密派人把此绝色佳人的丈夫杀掉，继而迎娶进宫，生下了清河王拓跋绍。拓跋绍凶狠无赖，喜欢在大街小巷里游逛抢劫，常常以剥光别人的衣服逗笑取乐。

拓跋珪非常气愤，曾经把此逆子倒悬在井中惩罚，一直至其奄奄一息时才把他拉上来。齐王拓跋嗣也多次教训责备他，拓跋绍自然与拓跋嗣的关系很不好。

戊辰（十三日），拓跋珪责骂贺夫人并把她囚禁起来，要杀掉她，正好赶上天黑才没有决定。贺夫人秘密派人去告诉自己的儿子拓跋绍说："你怎么救我？"

当时，拓跋绍刚刚年满十六岁，他与帐下武士等人联络谋划，当夜跳墙进入宫中，来到天安殿。左右侍卫高喊："有贼！"拓跋珪惊醒坐起，一摸弓箭腰刀都不在，拓跋绍冲进来轻易地杀死了自己的父亲。

螳螂捕蝉，黄雀在后。拓跋绍与母亲被拓跋嗣杀之，拓跋嗣成为北魏第二任皇帝。

当初，拓跋珪强娶姨母贺氏就是有问题的，有违天意和人伦，生下的逆子拓跋绍索了他的命。此君当时不听母亲贺太后之苦言，强取豪夺美色终致难！

见美色就抢，逢好处就捞，遇便宜就占，这般作为，岂能不埋下祸根呢？

劝女婿不戴贵重头巾的唐文宗

读《资治通鉴·唐纪六十》篇，感唐文宗推崇节俭、不慕奢靡，与几位前任相比实属难能可贵。唐文宗李昂在位时期，致力于复兴王朝，在唐朝中后期诸帝中颇为勤政。但他自身缺乏治国的才干，无法除祸患，受掣于宦官，落了个抑郁而终。

上性俭素、九月，辛巳，命中尉以下毋得衣纱縠绫罗。听朝之暇，惟以书史自娱，声乐游畋未尝留意。附马韦处仁尝著夹罗巾，上谓曰："朕慕卿门地清素，故有选尚。如此巾服，听其他贵戚为之，卿不须尔。"

唐文宗生性节检朴素。九月，辛巳，命令神策护军中尉以下官员不得穿纱縠绫罗之类的高级丝织品。文宗在处理朝政以外的闲暇时间，仅仅以读书观史为乐，对于女色、音乐和外出打猎从来不曾留意。一次，驸马韦处仁头戴夹罗巾，文宗对他说："朕喜欢你家门第清高素雅的作风，所以挑选你做驸马。像这样贵重的头巾让那些达官贵戚去戴，你最好不要戴。"

唐文宗不仅在节俭上以身作则，还要求贵为附马的女婿不要戴贵重的头巾。可见，他这种做法不是泛泛的形式主义，而是其思想上的切实认知。一般而言，开国皇帝大多能体会到开国之艰辛，从而主张勤俭节约，后面的皇帝大多不知苦中苦，能不奢侈做做节俭的样子就算不错的了。

能力有限，无所作为，但是唐文宗的勤俭之道在历史上也不失为一个"亮点"。

四岁让梨、十岁不让人的孔融

读《世说新语》中建安七子之一的孔融的故事,甚为惊诧。孔融(153—208),字文举,鲁(今山东曲阜)人。汉献帝时任北海相,时称孔北海。又任少府、太中大夫等职。孔融恃才负气,因触怒曹操而被杀。

孔文举年十岁,随父到洛。时李元礼有盛名,为司隶校尉,诣门者,皆俊才清称及中表亲戚乃通。文举至门,谓吏曰:"我是李府君亲。"既通,前坐。元礼问曰:"君与仆有何亲?"对曰:"昔先君仲尼与君先人伯阳有师资之尊,是仆与君奕世为通好也。"元礼及宾客莫不奇之。

太中大夫陈韪后至，人以其语语之。韪曰："小时了了，大未必佳。"文举曰："想君小时，必当了了。"韪大踧踖。

孔文举十岁时，跟随父亲到洛阳。当时李元礼享有很高的名望，任司隶校尉，凡是登门造访的，只有杰出或有高雅名声之士以及其亲戚才能通报进门。孔文举到了李府门前，对守门吏说："我是李府君的亲戚。"通报进门后，孔文举坐到了前面。李元礼问孔文举："您和我是什么亲戚？"孔文举答道："过去我的祖先孔子与您的先人老子有师生之谊，所以我与您世代为通家之好。"李元礼及宾客听了孔文举的话无不感到惊奇。

太中大夫陈韪晚到了，有人把孔文举的话告诉他。陈韪说："小的时候聪明伶俐，长大后未必出众。"孔文举说："想来您小的时候，必定是聪明伶俐的了！"陈韪听了感到非常尴尬。

年少孔文举登的是李元礼的府门，而这个李元礼所任的司隶校尉权力很大，除监督朝中百官外，还负责督察京师地区，领兵一千二百人。在外戚与宦官的斗争中，一方常借重司隶校尉的力量挫败对方，所以董卓称之为"雄职"。

四岁让梨、十岁不让人的孔融　　059

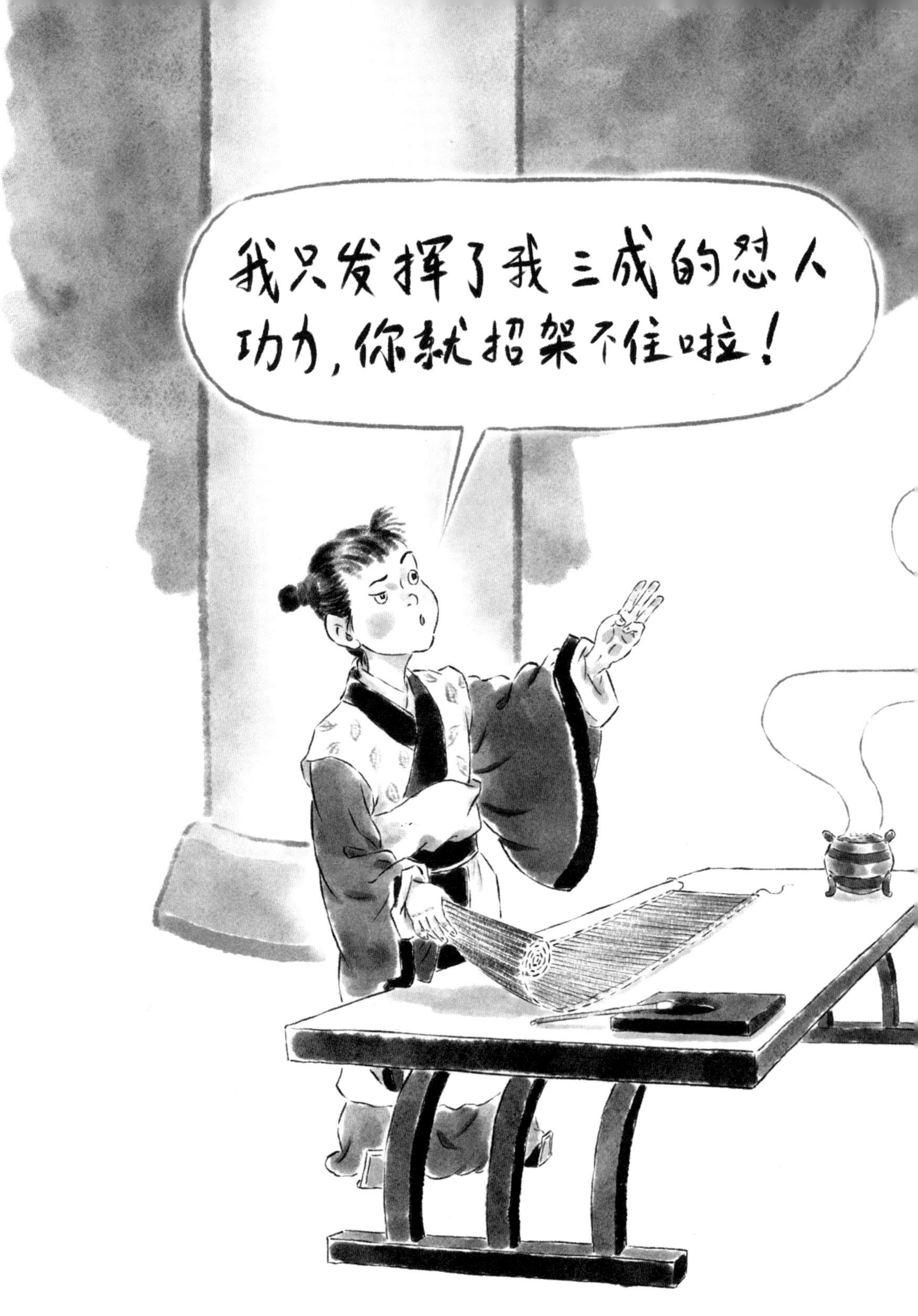
我只发挥了我三成的怼人功力，你就招架不住啦！

四岁让梨、十岁不让人的孔融

孔文举不怯场，竟从孔子攀起，说与位高权重的李元礼是亲戚。众人无不称奇，但陈韪却不以为然，讲的话也颇有道理，因为历朝历代都会有伤仲永的故事。许多少年天才，长大了却泯然众人矣。

十岁的孔文举毫不谦让，对陈韪反唇相讥，语中明显夹棒带刺，令太中大夫下不了台。或许孔融天生就是个恃才傲物之人吧！"孔融让梨"的故事，使得孔融成为谦让有礼的典范。但是他后来实为"毒舌"惹祸被杀，不免让人唏嘘沉思。

人生要明白为啥折腾

人生一世，折腾自然是免不了的，但英雄气短，大多人壮志往往难酬，这里有性格使然，更有境遇归结。读《世说新语》中关于桓温的故事，不免感叹不已。

桓公北征，经金城，见前为琅邪时种柳，皆已十围，慨然曰："木犹如此，人何以堪！"攀枝执条，泫然流泪。

桓温北征前燕时，路过金城，看到自己做琅邪内史时所种的柳树，都已长成十围粗的大树了，感慨道："树木尚且这样，人又怎能忍受这岁月的流逝啊！"他攀着树枝，手执柳条，禁不住流下泪来。

这个桓温，是东晋的大人物，出身谯国桓氏，幼年丧父，青年时期结交名流，与刘惔、殷浩齐名，姿貌伟岸，豪爽大度。他迎娶南康公主，为晋明帝司马绍之婿，拜驸马都尉，袭封万宁县男。

桓公北征，指太和四年（369年）桓温北征前燕。十年（354年）第一次北伐，攻前秦入关中。十二年（356年）第二次北伐收复洛阳。兴宁元年（363年），桓温被任命为大司马，都督中外诸军事，录尚书事，后又兼扬州刺史。桓温身为宰相，又兼荆扬二州刺史，尽揽东晋大权。太和四年（369年）第三次北伐，攻前燕，因军粮不继，在枋头受挫而返。

败归后，桓温威望大减，便从郗超之议用废立的办法重新树立威权。六年（371年）废司马奕为海西公，改立司马昱，即简文帝，以大司马专权。次年，简文帝死，遗诏由太子司马曜继承皇位，这就是晋孝武帝。桓温本来图谋受禅，未成，后病死，谥宣武。

桓温很能折腾，也折腾成了很多大事，还差点成就了帝业，但这一切似乎还是差了口气。桓温曾躺在床上对亲信道："如果一直这么默默无闻，将来死后定会被文景（指从曹魏手里夺得天下的晋景帝司马师、晋文帝司马昭）所笑话。"他随即霍然坐起道："一个人若不能流芳百世，那就应该遗臭万年。"

桓温既没有流芳百世，也不能说是遗臭万年，但显然充满了争议。王珣曾问桓温："箕子与比干，行事虽有不同，用心却都一样。不知您肯定谁，否定谁？"桓温道："同样被称为仁人，那我宁愿做管仲。"

"木犹如此，人何以堪"，人生难免折腾，但总得明白为啥折腾。折腾好了，就是成功；折腾不好，亦留芳踪。人活一生，切忌"躺平"；不断努力，创造可能！

曹操也有伯乐助

此心安处是吾乡,心安则身安。能专注经史典集,反省世道人情,不失为自我识鉴与醒悟。

读《世说新语·识鉴》篇,可以领教魏晋士人审时度势、见微知著的洞察力和决断力。所谓"人伦鉴识",即鉴别、评估人物的能力,也可称为"知人之鉴"。最著名的一则莫过于乔玄对曹操的鉴识与评价。

曹公少时见乔玄,玄谓曰:"天下方乱,群雄虎争,拨而理之,非君乎?然君实是乱世之英雄,治世之奸贼。恨吾老矣,不见君富贵,当以子孙相累。"

曹操年轻时去见乔玄,乔玄对他说:"天下正动荡不安,各路英雄如虎相争,整顿治理天下,不是得靠您吗?但是您实在是乱世的英雄,治世的奸贼。遗憾的是我已老了,看不到您富贵发达了,只有把子孙交给您麻烦您照顾了。"

这个乔玄已是当时的名士,初出茅庐的年少曹操去拜访乔玄,乔玄恰很赏识他,可谓曹操之伯乐。据说,后来乔玄跟曹操私交甚好,乔玄曾与曹操开玩笑说,以后若他死了,曹操经过他的坟墓时若没有拿一斗酒一只鸡祭拜,车过三步,腹痛莫怪。

乔玄也是帮人帮到底,还将曹操介绍给了东汉末年的著名人物评论家许劭。许劭与其从兄许靖喜欢品评当代人物,常在每月初一发表对当时人物的品评,故称"月旦评"。许多人慕名而来,为的是讨"月旦评"一句好评。连很讲排场的袁绍,都唯恐奢靡的场景为许劭所不齿,只得装模作样、轻车简从地回到家乡,以便给许劭留下一个好印象。

曹操年少时大有小混混的做派,连新娘子都敢偷抢而去,许劭鄙之。其对曹操评价"子治世之能臣,乱世之奸雄",曹操闻之大悦而去。

东汉末年，群雄逐鹿，百舸争流，即便是曹操这样的沧海奸雄，当时也少不了伯乐的提携和评定。奸雄出自草莽，将军起于行伍。人的一生，经历就是财富，不论是仙人指路，还是贵人相助，抑或是他人监督，每个人成长和壮大道路上的思想和行动，都是众力汇聚、厚积薄发的结果。

有求于人的李白

著名的《与韩荆州书》，是大诗人李白年轻时写给曾任荆州长史的韩朝宗的自荐信。唐开元二十二年（734年），李白游历到了湖北襄阳，此时的李白已经34岁，但尚无功名，不得不有求于人。韩朝宗当时在襄阳担任襄州刺史，李白在信中对韩朝宗颂扬备至，并简要介绍自己的经历和才能，希望韩朝宗能引荐自己。全文无论是颂扬对方还是介绍自己均不无夸张笔墨，看得出李白当时的窘迫和急切。

信一开头，李白把韩朝宗比作周公，将己视为毛遂，自己欲在韩的帮助下脱颖而出。白闻天下谈士相聚而言曰："生不用封万户侯，但愿一识韩荆州。"何令人之景慕，一至于此耶！岂不以有周公之风，躬吐握之事，使海内豪俊，奔走而归之，一登龙门，则声价十倍！所以龙蟠凤逸之士，皆欲收名定价于君侯。君侯不以富贵而骄之、寒贱而忽之，则三千之中有毛遂，使白得颖脱而出，即其人焉。

李白继续夸赞韩朝宗，其中不乏幼稚可笑之语：我身长虽不满七尺，而雄心在万夫之上。王公大臣称许我的节操和义气。这些我从前的抱负与行事，怎敢不尽情向您吐露呢？您的功业同神明相等，德行感动天地，文笔阐明自然化育的大道，学识透彻地探究了天道与人类社会的奥秘。但愿您能推心置腹、心情愉快，不因为我长揖不拜而拒绝我。假如能用盛大的宴会来接待我，容我纵情畅论，再以日写万言测试我，我将手不停挥，顷刻可就。如今，天下文士把您看作评定文章的权威，衡量人物的标准，一经您的品评，就成了德才兼备的人才。那您又何必吝惜庭阶前边那区区一尺之地，不让我扬眉吐气，振奋于青云之上呢？

韩朝宗确有喜欢举荐士人之名，李白的好朋友孟浩然曾得到过他的赏识。李白在信中提及韩曾引荐过的崔宗之、房习祖、黎昕、许莹等人，还说了这样肉麻的话：我看到他们感恩戴德，忠义奋发，因此我内心感动，了解君侯您是如何对他们推心置腹以赤诚相待了，所以不去依附他人，而愿意把自己托付给您，假如您有什么紧急艰难而有需要用我之处，我愿意献身为您效劳。

最后，李白表示自己喜欢诗文创作，已积累成卷轴，只怕这些雕虫小技不合韩大人的审美。如果大人您愿意赏阅草野之人的这些诗文，请赐给纸笔和抄手。我将退而洒扫静室，誊清呈上。这些诗赋也许像青萍宝剑和结绿宝石那样，能够在薛烛、卞和的门下提高身价。希望大人能推举我这个地位低下的人，大开奖誉之门，请您加以考虑！

这还是那个"白也诗无敌，飘然思不群"的谪仙人吗？李白绣口一吐，便是半个盛唐。那时的韩朝宗并没有理会李白，也没有想到李白后来的"发迹"。八年之后，唐玄宗看了李白的诗赋，对其十分钦慕，便召李白进宫。李白进宫朝见那天，玄宗降辇步迎，"以七宝床赐食于前，亲手调羹。"但不久之后的李白，又回归于流离蹉跎。

不想诗仙对韩朝宗的无奈之举，但想李白一生的豪放和洒脱。"十步杀一人，千里不留行。事了拂衣去，深藏功与名。"这是剑仙的狂傲。"天生我材必有用，千金散尽还复来。"这是谪仙人的自信。"早知如此绊人心，何如当初莫相识。"这是男人的相思。"两人对酌山花开，一杯一杯复一杯。"这是酒友的畅快。"手持一枝菊，调笑二千石。"这是持人的风骨。"天子呼来不上船，自称臣是酒中仙。"这是诗仙的风采！

世人谁识韩朝宗，世人谁不念谪仙？

人人都是伯乐和千里马

韩愈杂感式的小品文《杂说四》，文章以千里马不遇伯乐来喻怀才不遇之状，抨击了埋没摧残人才的现象，为潦倒困窘不能施展抱负者鸣不平。

"世有伯乐，然后有千里马。千里马常有，而伯乐不常有，故虽有名马，祇辱于奴隶人之手，骈死于槽枥之间，不以千里称也。马之千里者，一食或尽粟一石，食马者不知其能千里而食也。是马也，虽有千里之能，食不饱，力不足，才美不外见，且欲与常马等不可得，安求其能千里也！策之不以其道，食之不能尽其材，鸣之而不能通其意，执策而临之曰：

'天下无马。'呜呼！其真无马邪？其真不知马也！"

世上有了伯乐这样善于相马的人，然后才会有千里马被发现；能日行千里的马经常有，然而伯乐却不常见，所以即使有名马，也只是在养马的奴仆厮役手中遭受欺辱，最后与普通的马一并死在马厩之中，并不以千里马而著称于世！马中那些能日行千里的马，一顿可能要吃掉一石粟米，喂马的人不知道它能够日行千里便像普通马那样来喂养它。这匹千里马，虽然有日行千里的能力，却因吃不饱，力气不足，内在的优良素质不能显现出来，想做到与普通的马一样尚且不够，又怎能要求它能日行千里呢！不按照驱使千里马的正确方法鞭打它，喂养它却不能竭尽它的才能，听千里马嘶鸣，不能通晓它的意思，却拿着马鞭对着它说："天下没有好马。"难道真的是没有好马吗？恐怕是人们原本就不会识别好马吧！

千里好马有不少，人间英才也很多。培养人才如同培养千里马一样，要有伯乐善于发现并对之因材施教。许多庸才自己能力不足，却喜欢武大郎式的开店方法，手下的人都不能高于自己，自己不能容人，更不能育人。

千里马常有，伯乐不常有，岂不造成人才龙门难跃、老死沧州？社会需要千里马，但更需要伯乐。伯乐代表着机遇，千里马代表着能力，能力和机遇是相辅相成的。每个人都要有千里马的追求，也要有伯乐的境界。有伯乐赏识何其幸焉，做自己的伯乐，就是一匹最好的千里马！

丑人多作怪的贾南风

依《晋书》与《资治通鉴》记载，贾妃贾南风又丑又黑，且生性多劣，活脱脱展示了丑人多作怪的荒唐与残酷的形象。

贾妃性酷虐，尝手杀数人。曾有时用戟掷杀怀孕的姬妾，胎儿随着戟刃落地。武帝听说了这件事，非常生气，已经修筑了金墉城，准备废掉她。女官赵粲却从容地说道："贾妃年轻，妒忌是妇人的常情，年长之后就会好些。希望陛下明察。"之后杨珧与荀勖又大力相救，故得以不废。

贾妃暴戾日甚。皇后的母亲广城君的养孙贾谧干预国事，权力竟与皇帝相当。司马繇密谋想废掉皇后,贾后很畏惧他。太宰司马亮、卫瓘等人上表弹劾司马繇,使之迁徙到带方,削去了楚王司马玮的中候,皇后知道楚王怨恨此事,就让惠帝下密诏命令司马玮杀掉卫瓘和司马亮,以报旧仇。

贾后荒淫放恣,与太医令程据等人乱彰不堪,闻名于皇宫内外。另程据还怂恿贾后多与年轻男子交合,以养气神。洛南有个小吏,端庄秀美容貌好,被藏入一个竹编的箱子里,带入精美的楼阁居室。看见一个妇人,年纪三十五六岁,身材矮小面色青黑,眉毛后面有疵。小吏被留下住了几夜,与此妇人同吃同住。这妇人便是贾后。当时其他进入皇宫的年轻男子大都不久后便被杀死,唯有这个小吏,因为贾后的宠爱得以保全性命出来。

多行不义必自毙。太子司马遹被废黜之后,赵王司马伦、孙秀等人因众人怨忿预谋废掉贾后。贾后多次派遣宫中婢女微服去民间探听,赵王等人的阴谋泄露。贾后十分恐惧,就杀害了太子,以绝天下之望。

司马伦率兵闯入宫中,让与贾后有仇的齐王司马冏入殿宣布废黜皇后。皇后走到上阁,远呼惠帝说:"陛下有妻子,

女人不狠，
地位不稳。

让别人废掉，也就是自己废自己。"惠帝竟然没有答理她。后来，司马伦假造诏书送去金屑酒让贾后自杀。

贾南风对呆傻的晋惠帝置若罔闻，淫乱后宫，倒行逆施，乱政非为。最为恶劣的是，贾南风还悍然杀害了谢才人所生的太子司马遹。这也难怪贾南风被司马伦擒住之时，惠帝丝毫不为所动。

贾南风之害在于她对权力近乎疯狂的追求，以至于罔顾人命，也不可避免地招来了杀身之祸。贾南风所处的朝代混乱不堪，我们把历史当时的危机或灾难归罪于其一个人，实际上也是不科学的。"八王之乱"的爆发，贾氏有其责任，但不是绝对责任。但作为权倾朝野十年的"毒后"，贾氏确确实实兴风作怪，在历史上很不光彩。

孙秀和司马伦相互"成就"

用人是个大学问，用错了人是个大问题。

西晋赵王司马伦是司马懿的第九个儿子，可以算是"八王之乱"的祸首了，对西晋的覆灭起了推波助澜的作用。司马伦重用孙秀，就是用人一错到底的经典例证。

这个司马伦胆大包天，目无章法，什么事都干得出来。晋武帝司马炎即位后，司马伦竟然叫一个叫刘缉的下人去偷皇帝的裘服，被发现后，刘缉被判斩首弃市之罪，而司马伦则因为是皇室尊贵而得以免罪。

司马伦所喜爱、任用的都是与他一般邪佞荒淫的小人，如狐假虎威的孙秀、见识浅薄的司马荂等。司马伦还曾因为赏罚不明招致氐、羌等少数民族作乱，但被征召回京的他却并没有因此受到任何惩罚。

后来，司马伦听从孙秀之谋干起了惊天动地的大事，以一石二鸟之计成功铲除皇后贾南风和太子司马遹。事成之后，司马伦没忍住诱惑，仓促坐上皇帝之位。

于是，司马伦诸党都登上卿将之位，同谋之人被破格提拔晋升者不可胜记，就连奴仆士卒杂役之人也都加封爵位。每次朝廷会见，冠饰貂蝉者满坐，当时的人作谚语说："貂不足，狗尾续。"因此，"君子耻服其章，百姓亦知其不终矣"。

司马伦平庸无智，又为孙秀所制，孙秀的威权显扬于朝廷，天下都侍奉孙秀而无求于司马伦。孙秀起自于琅琊小吏，累官于赵国，以谄媚显达。执掌国家大权后，孙秀遂恣肆于施奸谋，多杀忠臣良将，以逞私欲。

司马伦不学无术不知书；孙秀狡黠贪淫利。与二者为伍者，自是逐利短浅之流。

三王起兵讨伐司马伦的檄文传来，司马伦、孙秀才大为恐惧，但为时晚矣，此时百官将士都想诛杀他们以向天下谢罪。

梁王司马肜表奏司马伦父子叛逆，应当诛杀，百官在朝堂附议。尚书袁敞持节代赐司马伦死罪，让他喝金屑苦酒自尽。司马伦央求道："今已诛秀，其迎太上复位，吾归老于农亩。"但梁王司马肜和百官一定要诛杀他。司马伦实在惭愧，用手巾遮住脸，连声说："孙秀误我！孙秀误我！"

坏事做绝，坏人用尽，司马伦哪里还会有"归老于农亩"的机会呢？

性格决定命运

人间不乏牛人，才高八斗能力强，他们不缺能耐、才情，但往往缺了自控力，尤其志得意满之时，更易骄纵不可一世，实属自掘坟墓。

西晋末年，名将苟晞就演绎了这样一个悲剧角色。苟晞能征善战，因屡破强敌建立起威名，当时的人更将他与韩信和白起比拟。苟晞作风果断，严厉苛刻，无人敢随便欺骗他。

《晋书》记载，苟晞的姨母前来投靠，苟晞亦供养甚厚。但当姨母之子请求苟晞让他为将时，苟晞拒绝："我不会姑息作奸犯科的人，你日后不会后悔吗？"可这位"姨弟"坚持，

古文今观：观天下

性格决定命运　　085

苟晞于是将他任命为督护。后来他犯法，苟晞依例处斩他，姨母再三恳求，但苟晞坚持照例办事。可见其执法的严苛和果断。

即便如此，苟晞最终还是犯了骄纵自害的毛病。洛阳正有饥荒，四周亦有乱事，于是苟晞上表请求迁都仓垣，并派从事中郎刘会率船数十艘、宿卫五百人和一千斛谷粮护送怀帝迁都。晋怀帝答应了，但朝中官员却瞻前顾后，宫中人员更是恋恋不舍。晋怀帝最终还是决定到仓垣，但因没有足够的士兵守卫，出宫不久就被盗贼掠夺，被逼折返。

不久，汉赵将领刘曜率军攻破洛阳，俘掳晋怀帝，豫章王司马端等逃出洛阳投奔苟晞，苟晞置行台，立司马端为皇太子；而司马端又承制命苟晞为太子太傅、都督中外诸军、录尚书事。

苟晞原本出身寒微，后在乱世一路高歌，实为西晋的"救火队长"。身居重臣后变得十分自满，竟大肆蓄养婢女、侍妾，纵情享乐，刑罚和施政都很苛刻。阎亨上书谏止，更遭苟晞杀害。同时，苟晞变得狠辣之极，每天杀数人，被人称为"屠伯"；苟晞也变得谄媚豪强，事权贵如仆役，视百姓如草芥。一个励志典型变成了一个不可救药之人。苟晞属下的从事中郎明预知道后，抱病去见苟晞，以尧舜和纣王的对比劝谏他，终令苟晞面有愧色。但当时人心已离，无人再为苟晞效命，部将温畿和傅宣都已叛离，同时石勒亦攻灭苟晞的盟友王赞，并且袭击苟晞所驻的蒙城。苟晞为石勒所捕，并被署任为左司马。一个多月后，苟晞和王赞图谋反叛石勒，欲投靠琅琊王司马睿，被石勒安排的卧底发现后射死。

人生不会一帆风顺的，不可控之处甚多，其间自律自爱自醒尤为重要。绝不能骄横犯众、失去民心。出身寒门的苟晞多不容易啊，一路摸爬滚打、攻艰克难，最终成为当世的翘楚，在那个门阀当政的时代，这是难于上青天的。乱世给予了苟晞扬名立万的机遇，一朝升官、位及巅峰对于苟晞却是一场灾难，其变得骄纵、堕落、阴鸷、残忍和投机。这种性格的缺陷和嬗变为他最后的悲剧埋下了伏笔。一代名将本可以成为晋室的中兴之人，可惜快速褪去光环，出人意料地突然败亡，确实令人惋惜。如彗星般升起光彩夺目，亦如彗星般殒落灰飞烟灭，这就是苟晞从乱世崛起到迅疾衰落的传奇人生。

死要"面子",自己给自己使"绊子"

每个人都有自己独一无二的性格,俗话说,即便是泥捏的还有个土性子呢。与人相处就难免磕磕碰碰,甚至会产生一些矛盾。人性往往不值得评验,人与人之间的关系往往一言难尽。

东晋清谈家殷浩见识清远,年少负有美名,尤其精通玄理,为当时那些风流辩士们所推崇。有人曾问殷浩:"将要做官而梦见棺材,将要发财而梦见大粪,这是为何?"殷浩回答说:"官本是臭腐之物,所以将要做官而梦见死尸;钱本是粪土,所以将要发财而梦见粪便。"当时的人都将他的此番言论认为是至理名言。

殷浩年少时与桓温齐名，而两人却暗中争强斗胜。桓温曾经问殷浩："你我相比，如何？"殷浩回道："我与你交往非只一日，如果让我在你我之间选择的话，我宁愿做我自己。"桓温以豪杰自许，每每轻视殷浩，可殷浩丝毫不惧怕桓温。殷浩废为平民，桓温却对人说："殷浩品格高洁，能言会道，假使让他做尚书令和仆射，足以成为朝廷百官的楷模，朝廷用才不当，以致有今日。"

殷浩虽被放逐，但无任何怨言，神情坦然，一切听天由命，依旧不废谈道咏诗，即使自家亲人也看不出他有什么悲伤。他只是整天用手在空中书划"咄咄怪事"四字而已。这也是"咄咄怪事"这一成语的由来。后桓温打算让殷浩作尚书令，派人送信给殷浩，殷浩欣然答应。殷浩摊开纸张准备写回信，却顾虑其中有诈，心中犹豫不决，摊开纸张又闭合，再开再合，如此往复几十次，最终只是给桓温回了一封空白信函，致使桓温大失所望、怒不可遏，两人因而绝交。

这个世界，不惧人者才立得起来，衡量一个人的尺度最终是心量。心量大，世界便大，反之亦然。

殷浩在那个乱世的舞台上活跃了八年的时间，北伐失败对他本人是致命的打击。殷浩的悲剧，最大的原因就是不能够正确认识自己。他本就不是将帅之才，当然免不了失败与耻辱，他却死要面子活受罪，纵使心苦异常，也极力维护自己所谓的名士风度。他是无限焦灼和踌躇的，面对桓温抛来的"绣球"，他却没有魄力和勇气接起。他落难之后，因心小郁郁而终只用了两年。

既生裕，何生毅

《晋书》记载，刘毅骄矜自误。其刚猛沉勇果敢，但凶狠固执，常常喜欢独断专行。刘毅与刘裕协同合作完成重建东晋大业后，便居功自夸。尽管功居其次，但刘毅对刘裕并不服气。

官越做越大，刘毅却怏怏不得志，刘裕每每以宽柔随顺他，其因此而更加骄纵跋扈，读史书至蔺相如屈让廉颇处，刘毅感叹："恨不能生在刘邦、项羽之世，与他们一同争夺天下。"这真是膨胀、骄傲得不行。

久而久之，众人都厌恶其傲慢不逊。刘毅对此不但不反省

自己，反而内心更加愤恨不满。

　　刘毅和刘裕都是重臣，二人合作得很好，可谓休戚与共、双星闪耀。刘毅的功绩和威望仅次于刘裕，怎奈随着革命的深入，刘毅自认为自己做得更好，他内心产生了不平衡，他认为自己就是比刘裕强，他应该得到的更多更多。二人的明争暗斗开始了。

为了同刘裕分庭抗礼，刘毅想尽办法发展自己的势力，以除掉可预见的后患，刘裕念及当初二人联袂奋斗的情分，没有下手。而刘毅愈发明显地针对刘裕，甚至刀剑相向。刘裕派兵讨伐刘毅，刘毅兵败自缢而亡！刘毅自杀之时或许也磋叹：既生裕，何生毅！

人性的贪婪，对权力的索求，终致本应肝胆相照的朋友反目成仇，刀光剑影。刘裕和刘毅孰对孰错，没有对错，但刘毅负有主要责任。

廉吏不惧"贪泉水"

西晋建国后,很快走向了奢侈腐朽。"一把手"开国皇帝司马炎昏庸腐化,上行下效,奢靡成风。何曾吃顿饭万钱消费,竟然无处下筷,其子骄奢更胜乃父,日食达二万钱。石崇劫掠旅商积累起巨财,他与王恺比阔斗富成为奇闻。然而,同时代的名士吴隐之却留下"晋代第一良吏"的美名。

《晋书》记载,隆安年间(397—402年),朝廷想革除岭南的弊端,任命吴隐之为广州刺史。距广州二十里处的石门,有一山泉,当地人皆说喝了此泉之水就会变得贪婪无比,故名"贪泉"。吴隐之则说:"如果内心压根儿没有贪污的欲望,就不会见钱眼开。过了岭南就丧失了廉洁,这种说法纯属一派胡言。"

吴隐之走到泉边舀了泉水就喝，并赋诗一首："古人云此水，一歃怀千金，试使夷齐饮，终当不易心。"上任后，他所食不过是青菜干鱼，所穿不过是粗布衣衫。有人说他故意摆样子，吴隐之却笑而不语，一如既往。

下属送鱼，每每剔去鱼骨，吴隐之对这种媚上作风非常厌烦，总是喝斥惩罚后赶出帐外。经过他持续不懈地惩贪官、禁贿赂，广州官风终于有所好转。

吴隐之离任返乡时，小船上仍是当初赴任时的简单行装。唯有妻子买的一斤沉香不是原来的物件，吴隐之认为来路不明，立即夺过来丢到水里。到家时，依然是茅屋六间，篱笆围院。刘裕要赐给他牛车，另为他盖一座宅院，吴隐之坚决推辞。

吴隐之无论身居何职，都能洁身自好。他清俭不改，生活如平民。每得俸禄，留够口粮，他把其余的都散发给别人。家人以纺线度日，妻子不沾一分俸禄。寒冬读书，吴隐之常身披棉被御寒，从来不改贫寒士子的本色。

唐代的魏征是这样评价吴隐之的："晋代良能，此焉为最。"在今天的广州博物馆里，有一个刻有"贪泉"的石头就是纪念吴隐之的。

东晋末年，官场犹如一片被严重污染的湖泊，贪腐之风疯狂肆虐。吴隐之少年丧父，家境贫寒，但他刻苦学习并当了清官，数十年如一日，不为权势所动，不为金钱所惑，不仅自己两袖清风、刚正不阿，还教育家属、引导世人不要在浊流中迷失。历史永远铭记和呼唤吴隐之！

"妄人"机遇好，躺平躺不赢

桓玄是大司马桓温的庶子，东晋权臣，桓楚开国皇帝。大司马桓温还没来得及篡位就驾鹤西游了，当时才四岁的桓玄面对父亲的旧属嚎啕大哭。在父辈的余威和光环下，桓玄自小贪婪霸道、视人命如草芥，置王法于不顾。

桓玄小时，与一众堂兄弟斗鹅，总是不及堂兄弟强。桓玄十分不忿，乘一个晚上到鹅栏杀死了堂兄弟们所有的鹅。天亮后家人都惊骇不已，以为发生了什么怪事，向桓冲报告。桓冲是桓玄叔叔，他对桓玄的秉性有所研究，知是其惊人"作品"。

桓玄走了狗屎运，轻松乘乱建立桓楚政权。他称帝后坐上龙床，龙床竟突然散架了，众人大惊失色，德不配位的桓玄也是脸红脖子粗。唯有近臣殷仲文奉承说:"陛下您圣德深厚,以致大地都不能承受了。"这话令桓玄十分满意和自豪。于是乎,他奢华无度、胡作非为的生活开始了,以致官怨民恨,大家都盼着再变一次天。

桓玄无能却好为己功。刘裕在桓玄称帝不满三个月就反了,桓玄就于道上作《起居注》,自称自己指挥各军,算无遗策,只因诸将违反其节度才致使兵败,属非战之罪。此举就是为自己辩护和开脱。桓玄还将《起居注》宣示远近,以褒扬自己的文治武功和非凡文采。

其实呢，刘裕讨伐桓玄，桓玄被吓得手足无措、六神无主，他只是烧香祈祷，甚至荒唐地想凭"法术"致胜。桓玄带着家属和财宝逃跑了，并且一路上还是作威作福、颐指气使。桓玄三十五岁被砍了脑袋，儿子桓升仅仅五岁也被斩首。桓玄的楚帝国，从建立到覆灭仅仅用了六个月的时间。

自小无德好虚名，乘借父威成帝名，作恶作威集骂名，无能无知留笑名。

历史学家柏杨称桓玄只是一个无能无心的"花花公子"，吕思勉先生称其为"妄人"一枚，这些评价实至名归。

真正的苻坚

苻坚是前秦第三位君王,中国古代著名政治家、改革家。史称苻坚容颜瑰伟,雅量瑰姿,极度崇尚汉文化。在位时期,他先是诛杀暴君苻生,后重用王猛等人,励精图治,实行汉化改革,史称"关陇清晏,百姓丰乐"。

晋史记载,苻坚少年时便让人刮目相待。当时有个叫徐统的人,很擅长看面相,有一天在路上看到年幼的苻坚长相非比寻常,就上前拉住他的手说:"这里是皇帝巡行的街道,你们在此玩耍,不怕司隶校尉把你们捆起来吗?"苻坚回答说:"司隶校尉只捆有罪的人,不捆玩耍的小孩。"徐统便认定说:"这孩子有霸王之相。"

后来两人又相遇，徐统对苻坚说："你的面相不同寻常，日后必定大贵之极。"苻坚一本正经地说："如果真的有那一天，我终生不会忘记您的恩德。"后来，苻坚诛杀苻生继位，果然没有忘记徐统的恩情，擢升其少子徐攀为琅琊太守。

八岁时，苻坚突然向爷爷苻洪提出请个家庭教师的请求。苻洪惊奇地望着孙子说："我们氐族人从来只知喝酒吃肉，如今你想求学，实在太好了。"

苻坚开始熟读儒家经典，立志想成为孔子所说的上古圣贤。他后来成了儒家"宽恕"二字的典型代表，是一个不该当皇帝的理想主义者。

苻坚后来的确干出了一番惊天动地的事业，曾经一度统一了中国北方。

苻坚是内迁少数民族统治者中倡导汉化、促进民族交融的先行者之一，他使前秦成为当时北方经济文化恢复发展最迅速、政治较清明、行政效率最高、最有规模气度和最富有生气的政权。前秦的文化礼仪使得以正统自居的东晋也望尘莫及。苻坚可称得上当世的一个"伟人"。

苻坚被人诟病的是仁义。可以说，他成也仁义，败也仁义。作为一个皇帝最怕有"妇人之仁",他对待投降者赏之无度、一再宽容,他对待顽固分子和仇家也封官进爵、推心置腹。也正是他的好人品,一批真正的牛人如王猛、李威等为他肝胆涂地,助他十年之功便占天下三分之二成就伟业。也正是他的好心肠,他最终在王猛去世后,毁灭在自己一再原谅且重用的姚苌、慕容垂等奸人手上。未听王蒙的力荐和王猛的早亡或许让苻坚以悲剧收尾,但这才是真正的苻坚。

苻坚身为胡人,却是中国历史上仁厚、善良、具人性光辉的一位君主。

智者可以借力而为、借势成事

李特是十六国时期成汉政权建立者李雄之父,亦是成汉政权的奠基人。

《晋书》记载,公元296年,氐人造反,关西兵乱,连年大荒,流民迁移,被迫进入汉川的有几万家有病和穷苦的人,李特经常救助赈济这些人,遂得人心。

浩浩荡荡的流民在汉中上书请求在巴、蜀寄食,朝廷不允许却假意派侍御史李宓持节前往慰劳,同时监督他们,不让他们进入剑阁。李宓到达汉中,接受流民的贿赂,上表说:"流民有十万多人,不是汉中一个郡所能够救济的,如果东往荆州,水流湍急危险,而且没有船只。蜀地有粮食储备,百姓丰

四两拨千斤

智者可以借力而为、借势成事

足富裕，可以让流民前往那里解决吃饭问题。"朝廷信了李宓的说辞，流民广散于蜀地。

到剑阁时，李特观险峻的地势不由得长叹："刘禅拥有这样的地方，竟然还投降于别人，难道不是才能平庸、低下的人吗？"同李特一起逃荒的阎式、赵肃、李远、任回等人惊叹于李特很不一般。

借流民的力量，李特在巴蜀辗转站稳了脚跟。301年，李特将计就计取得大胜，攻克广汉后，与民约法三章，深得民心，广获势力。

李特在乱世中，一直关心流民的疾苦和安危，且敢作敢当、不乏智勇。302年，李特自称梁益二州牧、大将军等，自建年号为"建初"，分封百官，无比荣光。

303年，李特中对手奸计，兵败被杀，功败垂成。但没有李特，就没有李雄的成汉政权。一代流民之主的落幕，留给后人无尽的感慨。有仁义，有胸怀，有智通，有运气，借乱世流民之势，李特可谓成事了。我们不必苛求李特做得更好，这在那个乱世已属不易了。借力而为、借势成事也起码是一个了不起的智者。

人性与利益

吕纂是后凉开国皇帝吕光的庶长子,他少年时弓马娴熟,却纵情声色犬马,沉缅结交公侯,更不喜欢读书。

按常理,庶长子是没有机会登上大位的,但吕纂后来竟然成功了。

公元399年,吕光病重,册立太子吕绍为天王,自称太上皇帝,任命吕纂为太尉,吕弘为司徒。吕光对吕绍说:"我的病越来越重,恐怕将不久于人世。我死以后,让吕纂统率六军,吕弘管理朝政,你要端正严肃地要求自己,无为而治,重任委托给两位兄长,可能渡过难关。如果内部相互猜疑,祸起萧墙，那么就会引起像晋、赵那样的变乱啊！"

吕光又对吕纂、吕弘说："永业无拨乱之才，只是因为正嫡有常规，他才占据了元首之位。现在外有强敌，人心未宁，你们兄弟和睦，就可以流传子孙万世。如果内部自相争斗，那么祸乱马上就到了。"吕纂、吕弘哭泣着说："我们不敢有二心。"

吕绍害怕被手握"军权"的吕纂谋害，便把王位让给他，说："兄长功高年长，应该继承大统，希望兄长不要推辞。"吕纂说："臣虽然年长，陛下是国家的嫡长子，不能因为私情而乱了大伦。"吕绍坚持要让给吕纂，吕纂不同意。

等到吕绍继位，吕绍的堂弟吕超劝他早点除掉吕纂，吕绍却信誓旦旦地说："先帝临终遗命，音犹在耳，兄弟是至亲，哪能这样做！我在弱冠之年肩负大任，正要依仗二位兄长来安定家国。纵使他们图谋我，我视死如归，终归不忍心有这样的意图，卿要慎重不要说过头的话。"

吕纂谋反夺位，吕绍自尽。两年后，吕纂醉酒之际又被吕超刺杀，后吕超弟弟吕隆即位。

中国漫长的封建社会里，皇权帝位无疑是最大最富有诱惑力的"蛋糕"。骨肉相残、同室操戈的悲剧此起彼伏，胡亥、杨广、李世民前仆后继，宋朝的"斧声烛影"、明朝的"靖难之役"、清朝的"九子夺嫡"粉墨登场……一部封建史，其实就是争权夺利的大戏。

万变不离人性，在超级大的利益面前，人性往往经不起考验。新时代不同于旧社会，但平衡好人性与利益的关系永远是一门艺术。

理解李治很容易

《旧唐书》载,在咸亨殿宴请近臣及各位亲族,唐高宗李治对霍王元轨道:"去年冬天无雪,今年春天少雨,自从到此宫避暑,甘雨连降,夏麦丰熟,秋天的庄稼生长茂盛。另外又得到李敬玄表章上奏,吐蕃侵入龙支,张虔勖与他作战,一天打了两仗,斩杀敌首级甚多。另外太史上奏,太阳该蚀而不蚀。这些大概是上天降福,宗庙显灵,难道对百姓恩情不厚会达到这样的幸福?另外儿子李轮年龄最小,我特别喜爱而留在身边,近来为他挑选新媳妇,大多不合他的心意;近来娶刘延景的女儿,观察她为人处事很有孝心,我私下是一喜。想与叔父等人共同为此而欢乐,各人都应尽醉。"

李治所说的小儿子李轮即唐睿宗李旦(662—716年),是唐朝第五位皇帝，唐高宗李治第八子，武则天第四子。

我们很多人可能觉得李治是个昏庸之君，是个不合格的皇帝，尤其是他好象委屈活在武则天的淫威之下，令人诟病。我们看看上面李治的讲话，多么的平易近人富有人情，多么的心思缜密充满文化。其实，李治不是一个懦弱"怕老婆"的人，他自有自己的谋略、胆识和成就。

仔细看历史，李治文武全才，他登基有运气加身，更有实力和智慧。当上皇上后，李治既有菩萨之心，又有霹雳手段，

他做到了他爹李世民做不到的事。他巩固了自己的皇位，他把边疆外患还解决了，他把大唐发展推到新的高度，他把汉人的天下疆域拓展得最大，他的很多改革都卓有建树……

生活在李世民和武则天之间的皇帝，低调、隐忍、无为有大为、不争是大智。况且，人家为了爱情而努力，并成就了爱情和事业，这是一个成功的男人呀！在虎父、豹舅、狼妻、狗兄弟的环伺之下，李治是好样的。从身份上讲，李治是史上最成功的男人，爷爷、老爹是皇帝，几个儿子是皇帝，自己和老婆都是皇帝，谁能比得了！

李治一生不容易，李治看似很容易；读懂历史不容易，理解李治很容易。

运气和实力

隋朝末年的几大枭雄之中,如果说李密是败给了自己的狂傲,窦建德是败给了自己的出身,王世充是败给了自己的德性,那么萧铣溃败的最大缘由好像归结于运气。

萧铣是西梁宣帝萧詧的曾孙,安平忠烈王萧岩之孙,安平文宪王萧璇之子。萧铣六岁时,家国被灭,爷爷被处死,他度过了一个极其贫困的青少年时代。

自己的姑姑被杨广纳为皇后,因此,萧铣好不容易做了个县令,也算是"翻身"了,怎奈因爷爷谋反的"黑梗"不能升官十多年。隋末南方造反的董景珍、张绣等人看上了前朝遗孤萧铣，萧铣被推而为帝。

一时间，萧铣与北方的李渊分庭抗礼。但是，萧铣只是一个会玩些手腕的文治型皇帝，他毁于内部的清理和内耗中。

北方的李渊如日中天、壮志凌云。李渊开始了对付三个竞争对手王世充、窦建德和萧铣的行动。萧铣没拿李渊的用兵当

回事，认为只是袭扰自己而已。怎奈来的是李孝恭和百年难遇的名将李靖。李靖是天王级的水平，萧铣无奈投降了。萧铣被押回长安，见到李渊也不肯屈服，被处死时终年三十九岁。

萧铣向李渊认罪说："应死者仅萧铣一人，百姓无罪，请不要杀掠他们！"萧铣故梁皇族，又新为皇帝，还是有点气节的。

时也，运也？非也！萧铣的运气固然不好，但他黄袍加身后，其施政、用兵及性格等，与北方李氏父子的虎狼之师相比，实在是萤光之于太阳。在绝对的实力和智慧面前，自己的不堪和不足只能徒增笑耳、空留败亡！

皇帝哥哥宁有种乎

唐朝宰相陈叔达不是拥兵起事之人，而是陈朝皇室后裔，即陈宣帝陈顼第十七子，陈后主陈叔宝异母弟。

陈朝为隋军所灭，陈叔达随陈后主出降，被迁入长安，后外放绛郡通守。

李渊起兵反隋，并攻打绛郡，陈叔达献城投降。从此，陈叔达踏上了投唐反隋之途，也算是曲线雪耻吧！

《旧唐书》记载：四年，拜侍中。叔达明辩，善容止，每有敷奏，搢绅莫不属目。江南名士薄游长安者，多为荐拔。五年，进封江国公。

由此看来，陈叔达是个有能力的人。

陈叔达更是个有眼光之人，他看准了李世民能成大事。

唐高祖受李建成、李元吉进谗，欲惩治李世民。陈叔达谏道："秦王有大功于天下，不可废黜。而且性格刚烈，若对他加以折辱贬斥，恐怕经受不住内心的忧伤与愤郁。一旦染上难以测知的疾病，陛下后悔都来不及。"唐高祖遂作罢。

李世民发动玄武门之变，侍奉在唐高祖身边的陈叔达进言道："建成、元吉本未参与举义密谋，且无功于天下，又嫉妒秦王的功勋威望。秦王功盖天下，四海归心。陛下若立其为太子，托以国务，则国家幸甚。"唐高祖顺水推舟从之。

《旧唐书》记载：久之，拜礼部尚书。至是太宗劳之曰："武德时，危难潜构，知公有谠言，今之此拜，有以相答。"叔达谢曰："岂不独为陛下，社稷计耳。"

李世民得了皇位，自然厚待陈叔达，陈叔达得了名利，却对皇上说："我是为社稷着想，并不是为了陛下。"这马屁拍得也没谁了。

陈叔达是南朝后主的弟弟，无奈成了隋朝普通的一员，后

真是一个能屈能伸的男人!

又因自己的能力和远见成了唐朝的股肱之臣。陈叔达名气不如自己的哥哥亡国之君陈叔宝,但他的的确确比那个懦弱的皇帝哥哥强了很多。本是同根生,相比多差异!

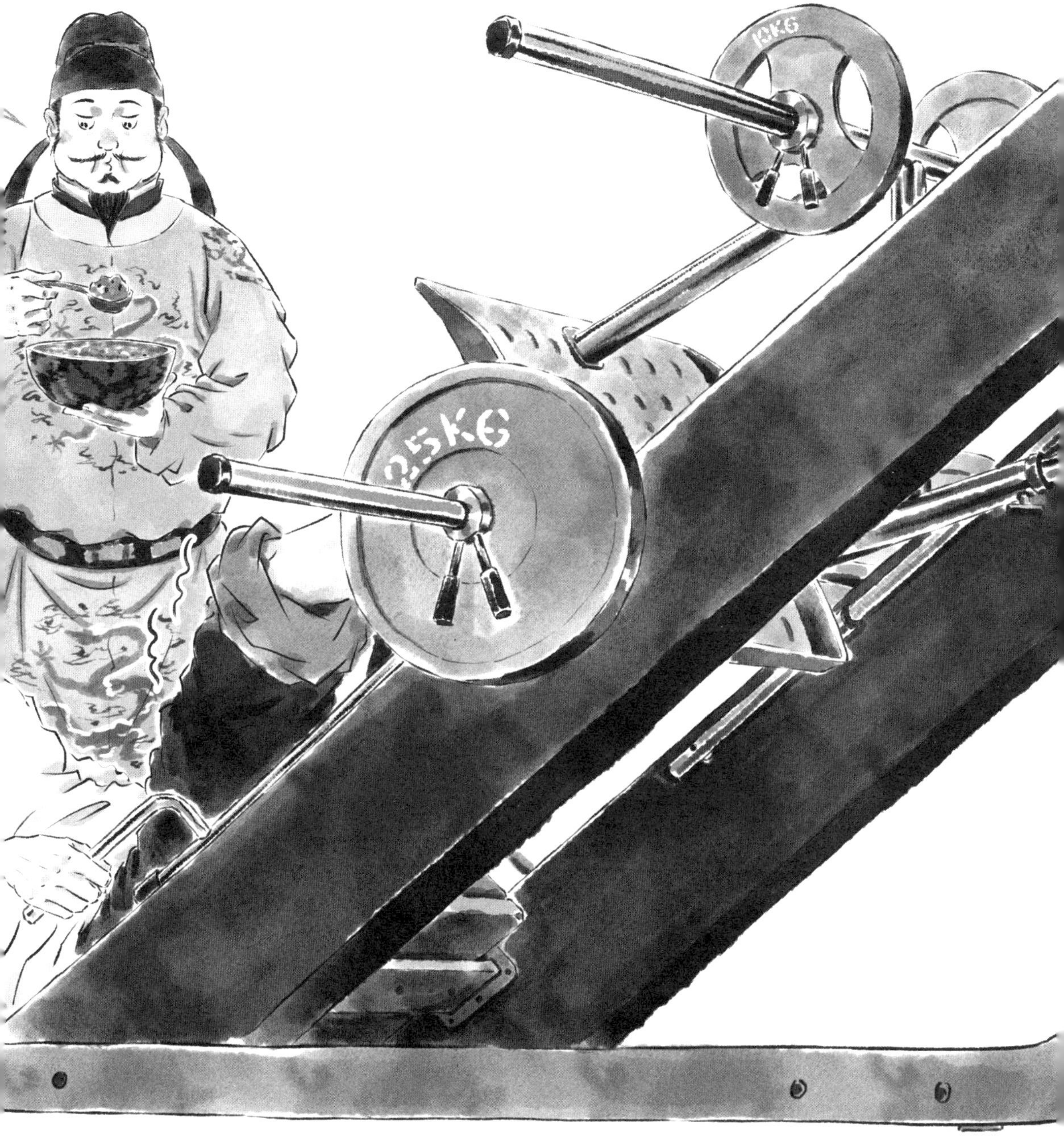
10KG
25KG

隋唐之间剪不断、理不乱

隋朝和唐朝不是同一个朝代，为什么历史学家都喜欢称其为隋唐呢？难道仅仅是因为隋朝仅仅存在了三十七年吗？还是因为建立隋朝的杨家和掌舵唐朝的李家是亲戚关系呢？

李渊和杨广是姨表兄弟，也就是说，他们俩的妈妈是亲姐妹。李渊和杨广共同的外公独孤信被称为中国第一老丈人，他是三个朝代的国丈。独孤信的长女是北周明帝的皇后，他的四女儿就是李渊的生母，他的七女儿独孤伽罗就是隋朝开国皇帝杨坚的皇后。杨坚成就帝业，他的岳父独孤家和连襟杨家是出了大力的。杨坚的女儿杨丽华是北周太子宇文赟的老婆，杨坚称帝相当于姥爷篡夺了外孙的皇位；李渊反隋，相当于表哥把表弟的王朝推翻了。这种家族关系不仅体现在皇室成员之间,还广泛地扩展到了官员阶层,许多隋朝的高级官员在唐朝政府中担任着重要的职务,他们为两朝的发展都做出了突出的贡献。

隋唐建立之前,都经过汉族几近灭亡的"五夫",以及最黑暗的乱世。西晋南北朝时期,华夏大地彻底经受了战火的洗礼,中原大地的人口结构发生了根本性的变化,宗教信仰也得到了全面的发展和进步,从而造就了两个一统的强大的帝国。

隋帝统治时期,人民安居乐业,社会繁荣富强。隋文帝文治武功,尤其为唐朝的软件建设奠定了基础,如政治、军事、

隋唐之间剪不断、理不乱

经济、文化、外交、农业、科技、艺术、宗教等，特别是科举制和《开皇律》的执行，其影响深远。隋唐时期的封建社会制度是当时世界上最早和最完整的，很多制度都领先世界1000多年。隋唐是当时世界上唯一保持长期统一的帝国，中国的领土完整和统一思想已在当时深入人心。隋唐时代开放大气，海纳百川，更将中国传统文化传播到世界各地。

隋唐产生了大批明君贤臣，隋朝成就基础，唐朝发扬光大，成了世界上最强大的帝国。与其说唐朝继承了隋朝的衣钵，不如说隋朝助力唐朝变得强大无比。两个朝代互补，藕断丝连，成为后世眼中最鼎盛的"隋唐"。

什么是高情商

唐朝的李勣凭战功被列入武庙十哲。这位与李靖齐名的"大咖"还兼通医学，曾参与编纂世界上最早出现的药典《唐本草》，并自撰《脉经》一卷。最厉害的是，李勣的个人情商可谓大唐的翘楚。

《旧唐书·李勣传》记载：勣前后战胜所得金帛，皆散之于将士。初得黎阳仓，就仓者数十万人。魏徵、高季辅、杜正伦、郭孝恪皆游其所，一见于众人中，即加礼敬，引之卧内，谈谑忘倦。及平武牢，获伪郑州长史戴胄，知其行能，寻释于竟，推荐咸至显达，当时称其有知人之鉴。

李勣将打了胜仗得到的黄金、丝帛，都分发给将士。刚到黎阳仓时，去领粮的人有数十万人。魏征、高季辅、杜正伦、郭孝恪都到黎阳仓做客。他们一出现在众人之中，李勣恭敬地以礼相待，把他们引到卧室里，谈笑而忘了疲倦。到平定虎牢关，抓获王世充所授的郑州长史戴胄，在了解他的品行、才能后，很快就将他释放了，这些人受到李勣的推荐，都做到了显贵的高官，当时人们称李勣有知人之明。

李勣不贪财，还不贪功。当初瓦岗寨降唐之后，李勣并不是马上让其"归顺"，而是先接管了李密原来的地盘与人马，

没两把刷子，还真应付不了这些送命题。

然后交由李密，再献给朝廷。李勣的理由是不想私吞功劳，而是将功劳让给故主李密，以令其获得朝廷重用。李勣深受李渊、李世民赞赏，被誉为"纯臣"。

唐高宗李治想废王皇后而立武皇后，暗中询问李勣说："朕打算立武昭仪为皇后，褚遂良固执己见，以为不可。但他又是顾命大臣，这件事应该怎么办呢？"李勣回答说："此陛下家事，何必问外人！"于是李治坚定了"废王立武"的决心，而李勣也因此得到了李治和武皇后的信任。老大已经下定决心要干的事，不挡不拦委婉地置身事外多好啊！

细观李勣的一生，对各位历任老板都忠心耿耿、竭智尽力，同时自己不断"三省吾身"提高自己的水平。对于革命同志，他的团结能力很强，他也因此获得了上下广泛的好评，并成就了自己非凡的功业和美名。唐太祖评价他是最大的功臣，李世民说他能文能武为大唐立下了汗马功劳，后世赞誉他为千古忠义之人。李勣一生的成功，其超高的情商起到了决定性的作用。

从"李大人"身上可以看出，情商高的核心就是：世事洞明，人情练达；德能兼具，与人为善。

德不配位

唐太宗李世民列出的"凌烟阁二十四功臣"当中，也有人名不副实，我们所说的就是品行亏欠、性格懦弱、最后因为谋反而被押到长安西市斩首的张亮。张亮位列"凌烟阁"第十名，排名高于李勣、秦琼、程咬金等，实在是有些不公。

穷苦的张亮开始投奔了瓦岗寨的李密，但未被重用。张亮向李密告密说有人造反，才使得李密重视他。李密看重的不是他的才能，而是他的"忠心"，自古以来的大领导多喜如此。

张亮不得已又投奔了李唐，王世充又杀过来，吓得他逃之夭夭，后来李唐也没有追究他的责任。后来，张亮跟着李勣讨伐刘黑闼，张亮又做了一次不战而弃城的逃兵。

《旧唐书·张亮传》记载：自东莱渡海，袭沙卑城，破之，俘男女数千口。进兵顿于建安城下，营垒未固，士卒多樵牧。贼众奄至，军中惶骇。亮素怯懦，无计策，但踞胡床，直视而无所言，将士见之，翻以亮为有胆气。其副总管张金树等乃鸣鼓令士众击贼，破之。太宗知其无将帅材而不之责。

胆怯懦弱并非张亮的惟一缺点，他在飞黄腾达后抛弃了糟糠之妻，重新迎娶了生性淫荡、骄横貌美的李氏，张亮对她既宠爱又惧怕。李氏与人私通，张亮却将奸夫收为义子，取名张慎几。李氏还喜好巫蛊左道，又干预政事，逐渐败坏掉了张亮的名声。

张亮自己没有主见，却信了公孙节的一句谶语："弓长之主当别都。"张亮认为相州是北朝旧都，弓长为张，是自己的姓氏，心中遂生出不臣之心。

张亮所宠信的术士程公颖知道张亮的小心思，便称其卧如龙形，必能大贵。张亮又对公孙节的哥哥公孙常道："我有一个小妾，算命的说她一定能成为王姬。"公孙常则称在谶书中有张亮的名字，张亮大喜。

最终，张亮被告发私养义子五百人，蓄意谋反。唐太宗道："张亮私养义子五百人，是想干什么，就是要造反。"百官也都认为张亮应判死罪。唐太宗便派人将他押到长安西市斩首，并没收其家中全部财产。

凭心而论，张亮有一定的才能，也为李唐做出了一定的贡献。但是此君薄情寡义、懦弱不堪、心思不正，之所以能列

入"凌烟阁"之位,主要还是靠着和李世民的"情谊",特别是李世民与李建成夺嫡之时,张亮被"老大"认为是有巨大功劳的。一言以蔽之,论其才、观其行、视其功,张亮不配位享"凌烟阁"。

居高声远何需借秋风

虞世南作为南北朝至隋唐时期著名的书法家、文学家、诗人、政治家,是一代文宗,是大唐凌烟阁二十四功臣之一,是初唐"十八学士"之一,深得唐太宗李世民的青睐和推崇,并被称为这位非凡帝王的唯一的"知音"。

李世民有言:"世南一人,有出世之才,遂兼五绝。一曰忠谠,二曰友悌,三曰博文,四曰词藻,五曰书翰。虞世南于我,犹一体也。拾遗补阙,无日暂忘,实当代名臣,人伦准的。吾有小失,必犯颜而谏之。今其云亡,石渠、东观之中,无复人矣,痛惜岂可言耶!"

在李世民眼里，虞世南是不世之才，无出其右者，他自己也几乎无法离开虞世南。李世民曾作宫体诗，让虞世南唱和，虞世南说："圣作固然工整，但内容却并非文雅端正。陛下喜欢的，臣子百姓必然趋之若鹜，臣怕这首诗一旦流传出去，天下的人都会追随效仿。因此不敢听从您的命令。"太宗只好说："朕不过是在试探你罢了！"

李世民虽贵为君王，却从精神上将虞世南视为知音，这实在是难能可贵。《旧唐书·虞世南传》记载：未几，太宗为诗一篇，追述往古兴亡之道，既而叹曰："钟子期死，伯牙不复鼓琴。朕之此诗，将何以示？"令起居郎褚遂良诣其灵帐读讫焚之，冀世南神识感悟。

上面说的是虞世南去世后，太宗曾为他作诗一篇，追述往古兴亡之道，接着感叹说："钟子期死后，伯牙不再鼓琴。朕的这篇诗，将拿给谁看呢？"后命褚遂良拿诗到虞世南的灵帐边读完后焚烧，希望他的神灵能感知到。

人说伴君如伴虎，李世民却对这位"虞大官人"没有一点"虎气"。同样是诤臣，李世民常常对魏征的劝诫愤怒不已，却对虞世南的劝谏几乎照单全收。"虞大人"凭着自己高洁的品格和渊博的才能历经陈、隋、唐，最终成为明君李世民的智库。仔细分析，就是明君遇到了贤臣，二人诗趣相通、心有灵犀，更重要的是虞世南自己的综合素质高使然。让我们再品味一下虞氏的名作《咏蝉》吧："垂緌饮清露，流响出疏桐。居高声自远，非是藉秋风"。

能变通时宜变通

隋唐大臣韦云起年少时师从太学博士王颇。知徒莫如师的王颇曾对韦云起谆谆诫导："你一介书生，见识悟性到了这般地步，定能以此获得富贵功名。然而你刚正不阿，嫉恶如仇，最终也会以此害身。"

《旧唐书·韦云起传》记载：云起，隋开皇中明经举，授符玺直长。尝因奏事，文帝问曰："外间有不便事，汝可言之。"时兵部侍郎柳述在帝侧，云起应声奏曰："柳述骄豪，未尝经事，兵机要重，非其所堪，徒以公主之婿，遂居要职。臣恐物议以陛下官不择贤，滥以天秩加于私爱，斯亦不便之大者。"

帝甚然其言，顾谓述曰："云起之言，汝药石也，可师友之。"仁寿初，诏在朝文武举人，述乃举云起，进授通事舍人。大业初，改为通事谒者。又上疏奏曰："今朝廷之内多山东人，而自作门户，更相剡荐，附下罔上，共为朋党。不抑其端，必倾朝政，臣所以痛心扼腕，不能默已。谨件朋党人姓名及奸状如左。"炀帝令大理推究，于是左丞郎蔚之、司隶别驾郎楚之并坐朋党，配流漫头赤水，余免官者九人。

　　说的是隋朝开皇年间，韦云起不避权贵，弹劾朋党的故事。他曾经在隋文帝面前奏事，文帝对他说："外面有什么不合理的事情，你可以说出来。"当时的兵部侍郎柳述正在文帝身边，韦云起立即启奏道："柳述为人强横奢侈，从来就没有处理过什么重要事务，只因为他是兰陵公主的夫婿，才能够拥有把握兵机军事的权力。臣担心众人会议论陛下选择官员不选择贤能之人，这就是最不合理的事情！"

　　文帝回头对柳述说："云起说的这些话是你的良药啊，你应该把他当作你的良师益友。"仁寿初年，朝廷让文武百官举荐人才，柳述推荐了韦云起，得授通事舍人。大业初年，改任通事谒者。韦云起上奏道："现在朝廷中的人，在崤山以东地区的不少，他们自立门户，附和同僚或者下属，欺君罔上，结为朋党。如果不加以抑制，一定会扰乱政体。"隋炀帝命令大理寺审问，于是左丞郎蔚之、司隶别驾郎楚之等人都获罪免职。

从上述史料不难看出，韦云起十分耿直，他居然直面当事人向皇帝告"御状"，况且这个被告的柳述既是朝廷重臣又是皇亲国戚。好在柳述非小人和弄臣，后来还以德报怨举荐了韦云起，韦云起运气真好。

也许熟稔韦云起的秉性，隋炀帝杨广也十分信任他。隋朝时期的韦云起，承蒙杨氏父子的隆恩，也算是顺风顺水。但跟了李渊特别是在李世民殿下为官的时候，韦云起的运气却到了头。

当时的左仆射窦轨凶残暴虐，做了很多杀戮之事，韦云起坚持己见、不与其为伍，俩人之间渐有牴牾，窦轨岂能容得下他。韦云起的堂弟韦庆俭、韦庆嗣曾侍奉过太子李建成，这事被窦轨记下了。玄武门之变后，窦轨指责韦云起："你是李建成的党羽，如今又不遵守诏令，反叛的意图太明显了。"韦云起以隐太子李建成同党的"莫须有"之罪，终被窦轨所杀，可叹也夫，可悲也夫。

韦云起应该是被冤死的，那又如何？人死道消终为空，多少冤魂自飘零！

韦云起是因为"运气"而死吗？当然不是。有运气加持固然好，靠运气致远行不通。人的一生中，你有人罩着又碰到柳述之"清流"，自然可以挥斥方遒、据理力争。但是，你一味"刚正"不懂变通又遇到窦轨之"宵小"，岂不是"枉送了卿卿性命"！

程务挺"站队"有错吗

公元684年,刚出正月,长安城内震惊天下。刚刚登基55天的李显,不是被权臣篡位,不是被外族驱赶,而是被他的亲妈妈太后武则天给废了!废帝是历朝历代最为敏感之大事,这更是历史未有之先例。这是唐朝史上一个标志性的事件,这不仅仅意味着武则天开始全面掌权,更为武则天未来称帝埋下了伏笔。

在这个极有韵味的历史进程中,唐朝大将程务挺无疑是一个极为重要的角色。正是他披坚执锐带兵入宫,才能让武则天顺利废帝。没有程务挺,就没有后来的武则天,是程家成就了武家。

程务挺却在一年后即被武则天满门抄斩，这到底是发生了什么？

程务挺也是妥妥一个官二代，靠着其父程名振的影响力，他几经锤炼，当上了皇城卫队的"一把手"。武则天培养自己的势力，程务挺投靠了武则天，自己有家也有资源有地位有能力，逐渐成长为军方的大佬。

有军权就有一切，武则天靠着自己的嫡系程务挺和裴炎，废李显，改立李旦为帝。自此，唐朝大权实际尽落武氏之手。

另一个有野心的裴炎没有得到更多，转而联系重臣支持李旦。程务挺却脚踩两只船，为裴炎求情。武则天有帝王之术，有滔天野心，更有雷霆手段，程务挺也必然成为武则天称帝路上的垫脚石。

《旧唐书·程务挺传》有言："务挺勇力骁果，固有父风，英概辅时，克继洪烈。然而苟预废立，竟陷谗构。古之言曰：'恶之来也，如火之燎于原，不可向迩。'其是之谓乎！"

程务挺一生的成功和亮点，就是成了武则天的"刀"，所以实现了青云直上。但也是因为自己不能识透最毒最狠妇人帝王心，才落了个祸及满门的凄局。

不站队不偏帮，无可厚非，或许最好。一旦站队就不要掉队和偏队，站队有机遇更有风险，站队需要谨慎更需要一种能力。搞政治真的好难，搞政治真的好悬！

桓彦范会不会后悔

唐中宗时期的宰相桓彦范对武则天把持朝政不以为然,他与宰相张柬之、中台右丞敬晖等人发动兵变,逼迫武则天退位,从而还天下于李唐。

唐中宗的韦皇后一心干预政治,颇有武则天之意。桓彦范看在眼里,急在心里,便极力劝说唐中宗让韦皇后远离朝廷事务。

《旧唐书·桓彦范传》记载:彦范尝表论时政数条,其大略曰:"昔孔子论《诗》以《关雎》为始,言后妃者人伦之本,理乱之端也。故皇、英降而虞道兴,任、姒归而姬宗盛。

桀奔南巢，祸阶妹喜，鲁桓灭国，惑以齐媛。伏见陛下每临朝听政，皇后必施帷幔坐于殿上，预闻政事。臣愚历选列辟，详求往代，帝王有与妇人谋及政者，莫不破国亡身，倾辀继路。且以阴乘阳，违天也，以妇凌夫，违人也。违天不祥，违人不义。由是古人譬以'牝鸡之晨，惟家之索。'《易》曰'无攸遂，在中馈'，言妇人不得预于国政也。伏愿陛下览古人之言，察古人之意，上以社稷为重，下以苍生在念。宜令皇后无往正殿干预外朝，专在中宫，聿修阴教，则坤仪式固，鼎命惟永。"

桓彦范曾上表论时政数条，其大义是："过去孔子论《诗》，以《关雎》为始篇，讲的是后妃乃是人伦之本，治国之源始。所以娥皇、女英下嫁而舜治政兴旺，太任、太姒出嫁姬氏便使姬周兴盛，桀逃亡到南巢，祸起于妹喜；鲁桓公灭国，是被齐国美女迷惑。伏见陛下每次临朝听政，皇后总施帷幔坐殿上，参与政事。臣选列历史上的国君详细了解历史上发生的事，帝王中凡有与妇人谋及政事的，莫不破国亡身，走上绝路。况且以阴乘驾在阳之上，这是违背天理的，以妇凌夫，这是违背人伦的。违天不祥，违人不义。由此古人以'牝鸡之晨，惟家之索'，《易经》上说：'无攸遂，在中馈。'讲的都是

古文今观：观天下

桓彦范会不会后悔 143

妇人不得干预国政。伏愿陛下览古人之言，察古人之意，上以国家为重，下以百姓为念，应当令皇后无往正殿，干预朝政，专在宫中，修养阴教，则社会稳定，永远兴旺。"

桓彦范的这通劝说，根本就没说动唐中宗，反而还招来了皇帝的厌烦。因为"老大"就是喜欢和信任自己的女人，他根本听不进去这些劝谏。

桓彦范能力强、位置显，遭到了奸人的妒嫉和设计。神龙二年（706年），武三思以诬陷韦后为由，通过唐中宗颁布诏令，将桓彦范流放贵州，途中被周利贞虐杀，时年54岁。

作为神龙政变的主要发动者之一，豪迈有为的"桓大人"一生的仕途跌宕起伏，升官、贬官、被陷害身死、被平反昭雪，甚至后来入选了凌烟阁功臣榜，可谓死得其所了。

桓彦范是功臣之弟，后靠家族门荫入仕。他的富贵是李唐给的，他的人生观就是以效忠李唐皇室为己任。武周代唐，势单力孤的桓彦范选择了隐忍和等待。他先是和志向相同的狄仁杰结为"对子"且丰满羽翼，后来又联合张柬之等成为五个"带头大哥"，一举逼退了武则天，实现了自己的理想。

李显贵为皇帝，对老婆百依百顺，韦皇后却与武三思勾搭在一起。桓彦范真是"一根筋",他去提醒皇上注意皇后的生活作风,哪知李显也是"一根筋",转脸把桓彦范出卖了,这活脱脱一个典型的"猪队友"。

韦皇后拉拢桓彦范,桓彦范却还是不厌其烦地告诫皇上不要培养第二个"武媚娘"。结果可想而知,韦皇后慢慢地举起了屠刀。可怜的桓彦范,冒着杀头的风险,怀着对李唐的忠诚,把李显扶上了龙椅,可千算万算没算到被李显给出卖了。与其说桓彦范死于韦皇后的歹毒,莫不如说桓彦范毁于"猪队友"李显的愚昧和狭隘。扶持李显上位的五个"带头大哥"结局都很悲惨,真的为他们不值,真的对李显愤怒。

生不逢时奈若何

神龙政变后，唐中宗开始优待提拔高祖、太宗、高宗的子孙后代，不断提高皇室影响力。在这种背景下，作为前太子李承乾的孙子，李适之开始进入了仕途。

然而，这个李适之能与群众打成一片，多宽和之美名，却不是个聪明人。

《旧唐书·李适之传》记载：与李林甫争权不叶，适之性疏，为其阴中。林甫尝谓适之曰："华山有金鑛，采之可以富国，上未之知。"适之心善其言，他日从容奏之。玄宗大悦，顾问林甫，对曰："臣知之久矣。然华山陛下本命，王气所在，不可穿凿，臣故不敢上言。"帝以为爱己，薄适之言疏。

说的是李适之拜相后，与中书令李林甫争权。但因性情粗疏，时常进入李林甫的圈套。李林甫曾对李适之道："华山有金矿，开采可以富国，皇帝还不知道。"李适之便在一日上朝时，将华山金矿之事奏知唐玄宗。唐玄宗很高兴，便去询问李林甫，李林甫答道："臣早就知道！但是，华山是陛下本命山，乃王气所在，不宜开凿，臣便不敢上言。"唐玄宗便认为李适之虑事不周，渐被疏远。

文武双全，有功有德的李适之逐渐淡出权力层，他顿感全身轻松，开始喝酒作诗，好不快活！李适之非常好饮酒，能喝一斗不醉。他与贺知章、汝阳王李琎、崔宗之、苏晋、李白、张旭、焦遂齐名，被时人称为"酒中八仙"。杜甫曾作《饮中八仙歌》，其中赞李适之道："左相日兴费万钱，饮如长鲸吸百川，衔杯乐圣称避贤。"

李林甫岂能放过李适之，李适之在惊惧之下服毒自尽了，时年五十四岁。

李适之出身好，有能力，品德好，能干事，最终挺起门楣，荣登相位，并因功业使得祖父和父亲入土昭陵，不能说不成功！只是他遇上了始终奸诈的李林甫和后期昏聩的唐玄宗，人生不逢时、命不该如此啊！

骑在人民头上的下场

唐朝的郭英乂也是一个标准的"官二代"。人之初,性本善,其年少时的表现还是不错的。郭公子少以父业,苦练武艺,以能力和军功及家世不断被委以重用。

公元762年,唐代宗即位,得宠的郭英乂就已经变了,他纵容部下胡作非为,以致生灵涂炭。公元763年,郭英乂策勋加封二百户,征拜尚书右仆射,并封定襄郡王。郭大人恃富骄纵,穷极奢靡,并与宰臣元载勾联,不断扩展自己的圈子和影响。

《旧唐书·郭英乂传》记载:既至成都,肆行不轨,无所忌惮。玄宗幸蜀时旧宫，置为道士观，内有玄宗铸金真容及乘舆侍卫图画。先是，节度使每至，皆先拜而后视事。英乂以观地形胜，乃入居之，其真容图画，悉遭毁坏。见者无不愤怒，以军政苛酷，无敢发言。又颇恣狂荡，聚女人骑驴击球，制钿驴鞍及诸服用，皆侈靡装饰，日费数万，以为笑乐。

说的是郭英乂到成都后，大行不轨之事，无所忌惮。当初，唐玄宗李隆基幸驾蜀地时的旧宫作有道士观，内置有唐玄宗铸金真容以及乘舆侍卫图画，在这之前，节度使每次来时都先供拜后才办理公事。郭英乂认为道观位置好，于是进驻在里面，唐玄宗铸金真容图画都遭到毁坏，见者没有不愤怒的。郭英乂军政严酷，无人敢有异议，且非常狂荡，聚集女人骑驴击球，以钿制作驴鞍和各种衣服，全都是奢侈装饰，每天耗费数万，以此调笑为乐。

郭英乂为官花天酒地，无恶不作，漠视百姓疾苦，搞得人不聊生、民怨沸腾。恰恰相反，西山兵马使崔旰得人心，多次制约他，以致郭英乂非常痛恨崔旰。崔旰凭借蜀人怨恨，在西山起兵，率五千多人袭击成都。郭英乂出兵抵挡崔旰，但是手下官兵早就离心离德，转而倒戈，全部反叛，转而攻打郭英乂。郭英乂逃到简州，普州刺史韩澄将郭英乂斩首，并将首级送给崔旰,并杀死了他在蜀中的家眷。

刘昫等史官说:"英乂失政,其死也宜哉。"一个本身底子好又位极尊崇的人,一手好牌打得稀里哗啦,一副好局搞得家亡屋塌。

当代诗人臧克家说得多好:有的人,骑在人民头上:"啊,我多伟大!"有的人,俯下身子给人民当牛马……有的人,他活着别人就不能活;有的人,他活着为了多数人更好地活。骑在人民头上的,人民把他摔垮;给人民做牛马的,人民永远记住他……

历史同理,古今亦然。

"老大"都喜欢"老郭"

唐代中兴名将郭子仪戎马一生,功勋卓著。史书称他"再造王室,勋高一代","以身为天下安危者二十年"。郭子仪不但武功厥伟,而且资兼文武,忠智俱备,格局超人,气度非凡。他既能在纷繁的战场上立不世之功,又能在险恶的官场上得以全功保身。

《旧唐书·郭子仪传》记载:四月,代宗即位,内官程元振用事,自矜定策之功,忌嫉宿将,以子仪功高难制,巧行离间,请罢副元帅,加实封七百户,充肃宗山陵使。子仪既谢恩,上表进肃宗所赐前后诏敕。诏答曰:"朕不德不明,俾大臣忧疑,朕之过也。朕甚自愧,公勿以为虑。"

唐代宗能即位，宦官程元振自认为有拥立之功，担心老将难以制服，多次离间诬陷。郭子仪被罢免副元帅之职，而加实户七百，再失兵权，充任肃宗山陵使，督建皇陵。郭子仪将肃宗所赐的诏书一千余件全部呈给代宗，以表明自己的忠心。代宗看后，安慰郭子仪道："我不德不明，使重臣忧虑，是我的错。我很惭愧，今后您不要担心。"

郭子仪抵御吐蕃时，在前方拼死拼活，鱼朝恩却指使人挖掘其父坟墓，大臣都担心他举兵造反。郭子仪入朝后，唐代宗将此事告诉他，他流泪道："我长期带兵，不能禁止士兵损坏百姓的坟墓，别人挖我父亲的坟墓，这是上天惩罚，不是有人和我过不去。"

鱼朝恩请郭子仪赴宴，郭子仪只带十几个家僮前去。鱼朝恩问道："您的随从怎么这么少？"郭子仪把听到的话告诉了他。鱼朝恩感动得哭道："若非您是长者，能不起疑心吗？"

其实，郭子仪心里比谁都明白，鱼朝恩身为宦官，又深得皇帝信任，不与他交好，可能的风险永远无法根除。鱼朝恩胆大包天，有些事情或许就是"老大"授意或默许呢？

小不忍则乱大谋，大不忍则乱一世。郭子仪以其超凡之

气度，真正做到了权倾天下而朝不忌，功盖一代而主不疑。郭子仪五十八岁之前平淡无奇，一直未受到重用。安史之乱的爆发，把郭大人推向了历史传奇的舞台，他成了大唐军界的No.1。唐肃宗对他有说不出的恐惧，很担心他成为第二个安禄山。面对满腹猜忌的皇上，面对满眼凶狠的鱼朝恩，郭子仪交出了兵权。唐肃宗一看老郭很识趣，后来又重用了他，唐代宗继位后，对郭子仪更担心，便找个由头把老郭又免职了。吐蕃恶狠狠地打过来了，还得靠老郭出山啊！唐代宗心里非常不安，也不好意思再剥夺他的兵权。唐德宗即位后，马上又削减了老郭的兵权。老郭安享晚年，两年后，以八十五岁而卒，算得上有惊无险、人生圆满。三位皇帝都忌惮老郭，都收他的权，老郭安之泰然、装聋作憨。因此，老郭的生活很闲适、待遇很优渥，在历史上是极其罕见的"长寿翁"。

细品郭子仪的为官处事，绝对是个"人精"。他有四大优点不是常人所具备的：有很大的本事都很低调，不争不抢，不声不响；有很高的情商却很淡泊，领导喜欢什么，他便干什么；关键时刻就站出来，想尽办法克服困难，替领导分忧解困；领导的安排和命令一律执行，不打折，不疑问，不讲条件，不发牢骚。

历史上的"李勉"寥若晨星

《旧唐书·李勉传》记载：上谓勉曰："众人皆言卢杞奸邪，朕何不知！卿知其状乎？"对曰："天下皆知其奸邪，独陛下不知，所以为奸邪也。"时人多其正直，然自是见疏。

说的是唐德宗问宰相李勉道："大家都说卢杞奸邪，朕怎么不知道！你知道他的罪状吗？"李勉答道："天下都知道卢杞奸邪，唯独陛下不知道，这正是他的奸邪之处。"时人称赞李勉的正直，唐德宗却渐渐地疏远于他。

李勉任山南西道观察使时，任命前密县尉王晬为南郑令，但是朝廷却要将王晬处死。李勉得知王晬是被权贵诬陷，对将吏们道："皇上正依靠地方官作为百姓父母，怎能因为有人进谗言而杀无罪之人！"于是飞表上奏，请求赦免王晬，王晬因此被释放。王晬后来担任大理评事、龙门县令，有能吏之名。时人赞李勉有知人之明。

李勉少年时家境贫寒，他在梁宋地区（今河南开封商丘一带）游历，与一个儒生同住一家客栈。儒生病重，临死前将自

历史上的"李勉"寥若晨星

己带的银子交给李勉道："希望你用这些钱将我埋葬，多余的银子就送给你。"李勉把儒生安葬后，却暗中将剩下的银子放在了棺材下。儒生的家属来了，李勉与他们一同挖出银子并全部交还，这便是史上有名的"李勉埋金"。

李勉的家教很好，其一生更胜其父亲，坦率简易，素淡清廉。他为官四朝，位居将相二十余年，一生的薪水多半接济了亲朋好友，并尽力供养着两位守寡的姐姐与家人。他身殁时，家无余财，连丧葬费都是朝廷特赐的。李勉作为唐代的宗室大臣，为人讲诚信，为学重德行，为官守清廉，被史学家称为"宗臣之表"。

看待金钱如粪土，坚持操守映日月。"李勉"永远可敬可歌，时代永远呼唤"李勉"！

蜀人尤喜"宰相肚"

《旧唐书·杜黄裳传》记载：始为卿士，女嫁韦执谊，深不为执谊所称；及执谊谴逐，黄裳终保全之，泊死岭表，请归其丧，以办葬事。

意思是唐朝宰相杜黄裳为卿士时，女婿韦执谊对他很不尊重。后来，韦执谊获罪，杜黄裳却全力营救。韦执谊病死岭外，他又上表皇帝，请求将其灵柩运回安葬。

其实，事情的原委是这样的。韦执谊当宰相时，一直对老岳父认理不认人的性格有意见。但是杜黄裳有自己的原则和立场，他忠诚无比、有情有义、有始有终。自己的女婿不得志，他长辈不记小辈过，一直为了落难的女婿奔走打点。杜老夫子分得清家事和国事，心里亮堂着呢！

唐顺宗继位后病重，不能理政。翰林学士王叔文当权，与宰相韦执谊等人试图进行政治改革。刚升任太子宾客的杜黄裳加以反对，主张由皇太子李纯监国。韦执谊劝道："您怎能刚升官就谈论禁中之事。"杜黄裳怒道："我受三朝厚恩，怎能因一个官职便出卖自己。"

唐顺宗命太子李纯监国，主持朝政，并擢升杜黄裳为门下侍郎、同中书门下平章事。杜黄裳自然忠心事主，在很多时事中起到了很好的作用。

杜黄裳确有宰相肚量。他不仅不和自己的女婿"怄气"，他对待一般的"服务人员"也是充分尊重和理解。他患病求医，医士因失误用错了药，使得他病情加重，但他一笑了之。

杜黄裳获得的历史评价很高，有人认为他"识度深远，志业忠厚，达于大体，练於故实，群而不党，和而不流"。《旧唐书》称赞其"忠者全矣，仁智备矣"和"临大节不可夺也"，这堪称完人评价。

宋朝诗人王阮写道：关辅渴思王镇恶，蜀人尤喜杜黄裳。

杜黄裳有能力、有气魄、有节操、有功劳，他是一个好官，更是一个好人。蜀人尤喜杜黄裳，"喜"为何因？我想起了七个字："宰相肚里能撑船"！

无意苦争春,一任群芳妒

《旧唐书·蒋乂传》记载:上尝登凌烟阁,见左壁颓剥,文字残缺,每行仅有三五字,命录之以问宰臣。宰臣遽受宣,无以对;即令召乂至,对曰:"此圣历中《侍臣图赞》,臣皆记忆。"即于御前口诵,以补其缺,不失一字。上叹曰:"虞世南暗写《列女传》,无以加也。"

说的是皇帝曾登上凌烟阁,看见左面墙壁毁坏剥落,题写的文字模糊残缺,每行仅剩下几个字,叫人抄录下来去问宰相,宰相中无人知道。皇帝立即派人召来蒋乂,蒋乂回答说:"这是圣历年间的《侍臣图赞》。"接着在皇帝面前背诵补充,不漏一字。皇帝感叹说:"即便是虞世南默写《列女传》,记诵的功夫也超不过蒋乂。"

蒋乂这种博闻强记的能力,当时无有匹敌者。适逢有诏令询问神策军建置始末,中书省查考没有结果,当时集贤院士很多,没有能回答出来的。于是前去询问蒋乂,蒋乂逐条陈述十分详细。宰相高郢、郑珣瑜感叹地说:"集贤院有人才啊!"第二天,皇上下诏让蒋乂兼管集贤院事务。

蒋乂七岁就能背诵庾信的《哀江南赋》,是个不折不扣的神童。《新唐书》称赞他:"好学不倦,老而弥笃,虽甚寒暑,手不释卷。"蒋乂靠着自己的勤学苦读,成为一个非常"牛"的技术型权威人才。

蒋乂长期在朝廷任职,任史官达二十年。每当朝廷上议论重大政事,宰相不能裁决时,总要向他咨询,蒋乂依据经义或旧典来参议时事,他的应对得当确切详实。无人能比,绝对高手。

蒋乂为人质朴、为官耿直,且能力独挡一面,但是他的仕途却坎坷多舛。为什么呢?他因才能受重用,却不懂得"藏拙"和"外圆内方",因此受到权贵们的排挤和提防。苏东坡、柳宗元也属于这种类型的人才，历朝历代不缺这种人，我们无法"求全"。也许正是有了这些人，读起历史来才不会觉得枯燥和深沉，你认为呢？

做一件让人印象最深刻的事

唐朝宰相崔群曾经在立唐穆宗为太子时发挥了巨大的作用。历史上评说他"俭以约己,忠惟事君,才适而用深,望积而实著"。

《旧唐书·崔群传》记载:元和七年,惠昭太子薨,穆宗时为遂王,宪宗以澧王居长,又多内助,将建储贰,命群与澧王作让表。群上言曰:"大凡己合当之,则有陈让之仪;己不合当,因何遽有让表?今遂王嫡长,所宜正位青宫。"竟从其奏。

说的是元和七年(812),惠昭太子死了,穆宗当时为遂

爷爷的高光时刻就是帮皇上挑选太子……

耳朵都听出老茧了。

王，宪宗认为澧王年纪居长，又多内助，欲立遂王为皇位继承人，命崔群替澧王做辞让表。崔群上奏道："大抵己身当受此位，才有表示辞让之仪礼；己身不当受，因何而有让表？现今遂王嫡生居长，当居东宫正位。"宪宗最终听从其奏。

崔群的态度很清晰，他认为澧王不该当太子，而遂王是嫡生居长，该当太子。

唐穆宗即位后，征崔群入朝拜吏部侍郎，于别殿召见，对崔群说："我升皇储之位，知道是卿相助。"崔群道："先帝之意，本来便在陛下。随即授陛下淮西节度使，臣奉命起草诏书，也说：'能辨识南阳之文牍，预测东海之华贵。'若不知先帝深意，臣岂敢轻率出言？"数日后，拜御史中丞。

崔群自小就敦厚谦和，富有学问。他入仕后，为政敏锐，坦荡无私，平恕仁爱，是唐朝中后期著名的贤相。韩愈曾写文赞誉崔群是个完美的人。

崔群最厉害的地方其实是"归美于上"和"不言己功"。从上面所讲的立太子一事中我们可以看到：他淡化皇上的心结，把建储之功归于先帝，同时，他又让后来的唐穆宗有面有里，还处处念着他的好……

立太子一事，足以看出崔大人的决断和智慧，更看出他的沉稳和情商。一辈子即使做对这样一件事，也是不得了，何况他还做了好多事呢？就是这样一件事，让人印象最深刻。

"柳骨"风范照千秋

唐代大书法家柳公权历事穆宗、敬宗、文宗三朝,都在宫中担任侍书之职。他的哥哥柳公绰官至邢部尚书等职,认为自己的弟弟为侍书这种职务,这与占卜小吏没有什么区别,令人为耻。

《旧唐书·柳公权传》记载:便殿对六学士,上语及汉文恭俭,帝举袂曰:"此浣濯者三矣。"学士皆赞咏帝之俭德,唯公权无言。帝留而问之,对曰:"人主当进贤良,退不肖,纳谏诤,明赏罚。服浣濯之衣,乃小节耳。"

说的是有一次,唐文宗在便殿召见六位学士,文宗说起汉文帝的节俭，便举起自己的衣袖说："这件衣服已经洗过三次了。"学士们都纷纷颂扬文宗的节俭品德，只有柳公权闭口不说话，文宗留下他，问他为什么不说话，柳公权回答说："君主的大节，应该注意起用贤良的人才，黜退那些不正派的佞臣，听取忠言劝谏，赏罚分明。至于穿洗过的衣服，那只不过是小节，无足轻重。"

显然，柳公权没给唐文宗面子。当时周墀也在场，听了他

"柳骨"风范照千秋 171

的言论，吓得浑身发抖，但柳公权却理直气壮。唐文宗只好对他说："我深知你这个舍人之官不应降为谏议，但因你有谏臣风度，那就任你为谏议大夫吧。"

早先的唐穆宗荒淫，行政乖僻，他曾向柳公权询问怎样用笔才能尽善尽美，柳公权回答说："用笔的方法，全在于用心，心正则笔法自然尽善尽美。"穆宗的脸色都变了，也明白他这是借用笔法来进行劝谏。这就是柳先生著名的"笔谏"的故事，这么说话在当时恐怕没有第二个人。宋代苏轼在诗中曾说："何当火急传家法，欲见诚悬笔谏时。"

所谓字如其人，所谓相由心生，柳公权一生伴驾三位"老大"，他没有因为近水楼台而专营名利官职，从始至终，一直钻研学问和书法，一直践行刚正和坦荡。他以艺术征服世人，他也以人品浸润艺术，并一直被人推崇和敬仰。

米芾评价柳公权：如深山道人，修养已成，神气清健，无一点尘俗。唐朝民间即有"柳字一字值千金"的说法，"柳骨"风范和魅力仿佛浑然天成，他的字迹被誉为铁骨铮铮、正直不阿。"心正则笔正"，他说的这句话不仅是书法的精髓，也是他做人的原则。

因为柳公权皎皎不群的高洁,我们看到了一个书法大家的光辉。也许柳公权当时改变一下心性,他就能成为一名高高在上的大官,我们可以看到又一个权臣大多雷同的形象。我们不需要威风凛凛的柳大人,我们非常欢迎风采翩翩的柳先生。

防火防盗防"李训"

《旧唐书·李训传》记载：时逢吉为留守，思复为宰相，且深怨裴度，居常愤郁不乐。训揣知其意，即以奇计动之。自言与郑注善，逢吉以为然，遗训金帛珍宝数百万，令持入长安，以赂注。注得赂甚悦，乘间荐于中尉王守澄，乃以注之药术，训之《易》道，合荐于文宗。

说的是当时李逢吉任留守，想重做宰相，加上深恨裴度，时常郁郁不乐。李训理解他的心思，便出奇计打动他。李训自称同郑注有交情。李逢吉信以为真，交给李训价值数百万的金帛珍宝，让他带到长安，用以贿赂郑注。郑注得了贿赂十分高兴，寻机将李训推荐给中尉王守澄，王守澄便将郑注的炼药术、李训的《易》学造诣，一并推荐给文宗。

李训同郑注一道入宫。皇上听李训分析《易》理，觉得不同凡响，便将他留在京师。李训从一无官阶补任四门助教，被皇上召入内殿，面赐绯衣银鱼袋，又调任国子《周易》博士，充当翰林侍讲学士。

当时有人劝谏，说李训为人奸邪不宜侍奉圣上，但皇上不改初衷。

唐文宗不能忍受宦官当道的影响。李训到翰林院后，乘讲解《易》理之时，不时谈及宦官之害。李训、郑注因此获宠。

李训得势后立即策划诛杀宦官，即使对有大恩于他的王守澄、郑注也未放过。

李训让王守澄任六军十二卫观军容使，罢免他统率禁军之权，不久又赐药酒将他毒杀。李训由郑注引荐得以重用，但李训爬上来便与郑注势不两立，并采用阴谋诡计害之。

从职场角度来看，李训是一个能人，更是一个狠人。他从底层能在很短的时间内官至大唐宰相，也足以自傲了。他一个人把朝廷搞得天翻地覆、鸡飞狗跳，他不是在害人，就是在害人的路上。他毫无道德感和正义感，只要他觉着不对付，不论敌友，全部踩到脚下。还没过去河，他就想着如何拆桥；你想着和他喝个小酒处个"基友"，他却想着如何从背后捅你一刀。李训对权力的渴求和政治手腕的高超，李训自私无德和不择手段的秉性，使得他在历史上声名狼藉，被视为历史的垃圾。

李训将小人法则贯穿于其短暂的一生，他通过自我营销和权谋达到人生的巅峰，也如流星般坠落于历史长河中。每个人都是他的工具和棋子，他只是一往无前地在利用和抛弃他人。这种人危害特别大，这种人真的会存在，这种人确实应提防，这种人不能登上台！

给古代的"谏官"点个赞

《旧唐书·郑覃传》记载：穆宗不恤政事，喜游宴；即位之始，吐蕃寇边，覃与同职崔玄亮等廷奏曰："陛下即位已来，宴乐过多，畋游无度。今蕃寇在境，缓急奏报，不知乘舆所在。臣等忝备谏官，不胜忧惕，伏愿稍减游纵，留心政道。伏闻陛下晨夜昵狎倡优；近习之徒，赏赐太厚。凡金银货币，皆出自生灵膏血，不可使无功之人，滥沾赐与。纵内藏有余，亦乞用之有节，如边上警急，即支用无阙。免令有司重敛百姓，实天下幸甚。"

意思是穆宗不忧虑政事，喜好游乐饮宴。即位之始，吐蕃侵犯边境。郑覃与同职官员崔玄亮等在朝堂上奏说："陛下登基以来，饮宴娱乐太多，打猎游乐无度。现今吐蕃入侵军队已在边境，任何缓、急的奏报，都不知陛下在哪里。臣等愧为谏官，不胜忧伤戒惧，敬望陛下稍稍减少游乐放纵，多加注意为政之道。臣下听说陛下早早晚晚亲近歌舞杂技艺人，对亲近宠爱的人，赏赐优厚。所有金银财物，全都出自民脂民膏，不能让无功之人，滥受恩惠得到赐予。即使皇宫内库财物有余，也望使用有法度，如果边疆报警告急，就能支用不会短缺。免得让官府对百姓加重赋税的征收，如能这样，实在是天下百姓的大幸。"

穆宗开始很不喜欢这些话，对宰相萧俛说："这是些什么人？"萧俛回答说："是谏官。"穆宗的怒意稍有缓解，便说："朕的过失，臣下尽力规劝，这是尽忠。"并对郑覃说："在内阁官署奏事，时间太不充裕，今后有事面陈，朕与你在延英殿相见。"

郑覃家世显赫，颇有才能，但也是个很有品格的官员。他为人正直谦让，生活纯朴清俭，不轻易与别人亲密相交，别人也常因他的行事风格而敬而远之。

上面所说的历史，是郑覃作为谏官时所发生的事。郑覃所

陛下，先把今天的工作任务完成，再去玩耍！

就你事多。

言所行，其实是他的本职工作所在。谏官是对皇上的过失直言规劝并使其改正的官吏，这种官职始于周代，盛于秦汉至唐宋时期，而唐代的谏官机构最为完备齐全。谏官制度的设立，在一定程度上抑制了官员的贪腐行为，并在监督约束皇权、优化当朝决策、调节政治生态上起到了一定的作用。

这种言谏制度在君主至高无上的年代，作为一种监督机制，弥补和丰富了当时的政治体系。但不可否认，时代格局及皇权大于天的现实决定了这种制度的局限性和扭曲性。

政治制度在不断地发展和完善。时至今日新时代，更不是封建社会所能比的。但不管社会如何发展、历史如何向前，我们始终应对匡衡、魏征、邹忌、桓彦范、虞世南、郑覃等"同志"致以"革命"的敬礼！

看人下菜碟儿

唐朝学士郭山恽，年轻时就精通《三礼》，尤长于经济史研究。他洞察古今，广博精益，是当时一个很有影响力的学问家。

《旧唐书·郭山恽传》记载：时中宗数引近臣及修文学士，与之宴集，尝令各效伎艺，以为笑乐。山恽独奏曰："臣无所解，请诵古诗两篇。"帝从之，于是诵《鹿鸣》《蟋蟀》之诗。奏未毕，中书令李峤以其词有"好乐无荒"之语，颇涉规讽，怒为忤旨，遽止之。

当时，唐中宗屡次召引近臣以及修文馆学士，与他们一道宴饮聚会，曾经命与会者各仿效伎工艺人，表演以取乐。于是，工部尚书、左卫将军等有人跳舞有人唱歌，好不热闹。

唯有郭山恽一人禀奏道："臣下我不会别的伎艺，请让我吟诵两首古诗。"中宗应允了他，他便吟诵起《鹿鸣》和《蟋蟀》这两首诗来。

中书令李峤因为诗中的"好乐无荒"涉及谏讽，便怒责郭山恽忤逆圣意，当即制止吟诵。

幸好，唐中宗对此并不生气。第二天，他称赞郭山恽诵诗的用意，特下诏书道：昨天因为娱乐游宴，大聚朝中贤俊名流，欢乐和睦之中，让大家都来吟咏歌唱。

郭山恽能够在"老大"与近臣开酒会之时，通过这种方式谈政治、提建议，也是勇气可嘉、用心可赞。唐中宗赞他"鲠直"，即直言不讳、正直无私。为了表彰他的忠直，中宗下诏褒奖并赐予一身"新行头"。

我们丝毫不怀疑郭山恽的忠诚、正直和美好的愿望。但是，他碰到的是唐中宗李显，李显虽然在政治上无所作为、在生活上窝窝囊囊，但他的脾气好呀！也不排除李显知道郭山恽的性格如此，不但不予计较，还以资奖励他，这里面或许有收买人心之嫌，有"做个样子给人看"的可能性。我们只能说郭山恽的运气好，或者说郭山恽也更了解李显的性格才敢于"冒天下之大不韪"。否则，这位郭大人的下场明摆着呢。

未经许可，不得以任何方式复制或抄袭本书之部分或全部内容。
版权所有，侵权必究。

图书在版编目（CIP）数据

古文今观．观天下/燕园春秋著．—北京：电子工业出版社，2024.5
ISBN 978-7-121-47829-1

Ⅰ．①古… Ⅱ．①燕… Ⅲ．①人生哲学－通俗读物 Ⅳ．①B821-49

中国国家版本馆CIP数据核字（2024）第092935号

责任编辑：潘 炜
印　　刷：北京瑞禾彩色印刷有限公司
装　　订：北京瑞禾彩色印刷有限公司
出版发行：电子工业出版社
　　　　　北京市海淀区万寿路173信箱　邮编：100036
开　　本：720×1000　1/16　印张：34.5　字数：315千字
版　　次：2024年5月第1版
印　　次：2024年5月第1次印刷
定　　价：208.00元（全三册）

凡所购买电子工业出版社图书有缺损问题，请向购买书店调换。若书店售缺，请与本社发行部联系，联系及邮购电话：（010）88254888，88258888。
质量投诉请发邮件至zlts@phei.com.cn，盗版侵权举报请发邮件至dbqq@phei.com.cn。
本书咨询联系方式：（010）88254210，influence@phei.com.cn，微信号：yingxianglibook。